所谓成长，
就是教你学会坚强

吕丽琴 —— 著

中国纺织出版社有限公司

内 容 提 要

生活的多元化，让当代人的压力越来越大，不得不去独当一面。身为女人，即使想柔情万种，也不得不硬着头皮，披甲上阵，努力活出出色的自己。其实，没有哪个女人天生就很坚强，更不会表现得强势。她们披着"坚强"的外套，告诉别人"我过得很好"，也努力让自己过得更好。

本书从关注成年人，特别是女性朋友幸福的角度出发，帮助每个现代人探寻自我，发现自己坚强之内和坚强之外的本心，找到调节自我心态的方法。希望每一个人都能释放温柔天性，都能为自己而活，都能被这个世界温柔以待。

图书在版编目（CIP）数据

所谓成长，就是教你学会坚强／吕丽琴著.—北京：中国纺织出版社有限公司，2020.11

ISBN 978-7-5180-7580-5

Ⅰ．①所… Ⅱ．①吕… Ⅲ．①女性—成功心理—通俗读物 Ⅳ．①B848.4-49

中国版本图书馆CIP数据核字（2020）第118185号

责任编辑：张 羽 责任校对：江思飞 责任印制：储志伟

中国纺织出版社有限公司出版发行

地址：北京市朝阳区百子湾东里A407号楼 邮政编码：100124

销售电话：010-67004422 传真：010-87155801

http://www.c-textilep.com

中国纺织出版社天猫旗舰店

官方微博http://weibo.com/2119887771

天津千鹤文化传播有限公司印刷 各地新华书店经销

2020年11月第1版第1次印刷

开本：710×1000 1/16 印张：13

字数：128千字 定价：39.80元

凡购本书，如有缺页、倒页、脱页，由本社图书营销中心调换我们发现，随着社会的进步和人们对女性能力的认可，以及绝大部分女性认识到了自身发展的重要性，女性已经和男性享受同等的教育机会，她们也走出家庭，积极参与学习、社会生活和激烈的职场竞争。然而，她们还需要承受来自家庭的压力，还需要无时无刻不为家人操劳，为家庭、为丈夫、为孩子付出青春年华，一切的一切，唯独没有留下自我欣赏的空间。所以她们总是像一只忙碌的小蚂蚁，像个走钢丝的能手，总是脚步匆匆，心事重重。

当你问她们为什么这么辛苦时，她们总是会说女人要坚强，而其实，坚强只不过是这些女人给自己披的外套，她们只是想要告诉别人"我过得很好"，只是想掩饰内心的无奈与落寞。

有人说，每个女人都应该有一颗沉稳宁静而广博透明的心灵，用它来覆盖生命的每一个清晨和夜晚。从此，她不再因外界的"风声"而瑟瑟发抖，她会因为好心情而美丽动人，她的生活也会因此而健康美丽。

没有哪个女人天生就很坚强，更不会表现得强势。作家王珣说："女人太强势会滤掉温柔，女人太独立会缺少宽容。"女人的坚强和独立是把双刃剑，女人强大起来，确实是件好事，这样能掌控自己的命运，能追求自己想要的生活。然而，一些女人误以为强大就是假装坚

强，就是把自己装扮成一个"女汉子"。即便她们内心是脆弱的、空虚的，也要去逞强、去强求。可是，如果女人一味地假装坚强，连真实的自己都不敢表露，即便能获得众星捧月般的表象，又有什么意义呢？

一些女人借坚强之名非要把自己隐藏在尖锐里，非要将自己的善良隐藏在功利下，非要用浑身的刺扎伤别人，然而当被问及她为何如此强势时，她会说，是生活的无奈和男人的软弱导致的，而这样的心态，才正是她的遗憾和悲哀。

因为幸福与否的钥匙掌握在自己手里，只有自己才是自己命运的设计师和建造者。只有那些睿智的女人，才能真正地得到幸福，她们更关注自己的内心感受，无论外界发生什么，她们都有一颗温柔恬淡的心，这也是她们家庭幸福、事业成功的根本，是她们展露笑靥与展现风姿的源泉。

总的来说，女人要独当一面，但更要柔情万种。翻开本书，你会有所顿悟，会发现曾经的自己伪装得太累了，需要重新找回那颗柔软的心，找回走失的灵魂。最后，希望所有的女人都能释放温柔的天性，不再去讨好谁，不再为难自己，不再委屈自己，不再强颜欢笑，只做最真实的自己。

编著者

2020年3月

第01章
愿你被世界温柔以待

　　"愿你被这世界温柔以待"，多么经典的一句话，只不过短短的十个字，作为女人的你，是否在瞬间就已经被触动？是啊，作为女人，你是否希望自己能有这样的好命？而其实，命运掌握在自己手中，你只需要做那个最独特、最努力的自己，率性自然，你就能活成自己想要的样子，就能被世界温柔以待。

做最好的自己，活出与众不同的人生

通常情况下，女人之所以愿意模仿他人，一则是为了让自己变得更美丽，二则是为了让自己获得成功。然而，无数事实告诉我们，女人的盲目模仿行为根本不可取。任何女人如果盲目模仿别人，都会给自己的生活带来苦恼，而且有时候还会起到完全相反的效果。真正明智的女人，会经过理智思考之后从他人身上汲取经验，从而促使自己不断进步和提升，而不会不分青红皂白就放弃自己的优点，模仿他人，使自己变得不伦不类，成为地地道道的四不像。就像邯郸学步一样，燕国人觉得邯郸人走路好看，就模仿邯郸人走路，最终却完全忘记走路的姿势，导致自己只能爬回燕国。

爱丽丝是一位长相一般的女人，而且体态偏胖。所谓心宽体胖，她不仅心胸开阔，乐观开朗，而且非常健谈，不管和谁在一起都能谈笑风生，聊得不亦乐乎。看到爱丽丝如今的样子，每一个认识她的人都难以想象就在几年前，她几乎天天以泪洗面。

爱丽丝告诉别人，她曾经是个很内向很自卑的女孩，而且因为长得比较胖，她总觉得自己不会得到任何男人的爱。最可怕的是，她的妈妈还是个非常传统的人，从来不允许她穿漂亮的衣服，也不批准她穿有腰身的衣服。就这样，爱丽丝整日穿着肥肥大大的衣服晃来晃去，对自己越来越没有信心。爱丽丝曾经从来不敢参加任何聚会，更不喜欢和朋友在一起玩耍，因为她觉得自己比不上任何人，而且没有优点。渐渐地，她变得越来越自闭，总觉得自己是和他人不一样的另类。

直到认识恒瑞先生，爱丽丝终于进入了一个完全不同的家庭。她开始接触和母亲截然不同的人，她的丈夫，她的婆婆，都是非常乐观开明的人。为了尽快融入新的家庭，爱丽丝开始模仿他人，不但模仿丈夫的言行举止，也模仿婆婆。然而，每次都会事与愿违，甚至还会惹得别人嘲笑。为此她变得更加沮丧绝望，而且暴躁易怒。她觉得自己太失败了，恨不得找个地缝藏起来，不愿意见到任何人。但是她尽管内心情绪焦虑，却还要伪装出很快乐的样子，因为她不想让丈夫知道自己的苦恼，更不想招来婆婆的嘲笑。甚至有一段时间，爱丽丝因为极度自卑而变得抑郁，还想到了以自杀的方式结束生命。

幸好，婆婆发现了爱丽丝的异常。有一天，婆婆借着如何教育孩子的问题和爱丽丝聊天，趁机告诉爱丽丝："我认为我作为一个母亲，最成功的地方就是我养育的每一个孩子都很真实自然，能够保持自己的本来面目。"婆婆的这句话就像是一块石子投入池塘一样，在爱丽丝的心中引起层层涟漪。从此之后，爱丽丝再也不过分在乎任何人的看法和想法，也不再盲目模仿他人，而是完全按照本心的指引去穿衣打扮，做好自己。她变得越来越开心，而且收获了更多的友谊。

从爱丽丝身上，我们不难发现，女人要想收获幸福和快乐，就要让自己更加坦然从容，而不要对任何人亦步亦趋，更不要为了他人的喜好

而盲目改变自己。其实不仅对于女人而言，即使对于男人来说，保持自我都是很重要的。毕竟人潮如织，要想在惊涛骇浪的生活中保持真我，是很难做到的。

每一个人都无法逃避生活和他人对于自己的影响和改变，因此保持自我就显得更加重要。可以说从人类诞生以来，大多数人都要不断地在自我和他人之间保持平衡，只有信心坚定者，才能真正做到始终坚持真我本色。现代社会，很多女性朋友都会有各种各样的烦恼，其中很多女性朋友烦恼的根源都与不能坚持自我、保持真我本色之间有着密切关系。所以女性朋友们，从现在开始就认清自己，然后义无反顾地做最好的自己吧！唯有如此，你们才能变得更加快乐，也才能活出自己与众不同的人生。

女人保持心态开放，无须刻意伪装

很多人都觉得自己的人生被禁锢了，其实，禁锢自己的并非客观外界，而是我们的心。正如一位名人所说的，每个人最大的敌人就是自己。假如我们能够突破和超越自己，我们的人生也就会迈入更加广阔的天地，变得更加自由和无拘无束。那么，在我们的心中，到底是什么东西在禁锢着我们呢？我们的思想、观点，为人处世的原则和风格，以及我们对待陌生人或者朋友的态度，都让我们在不知不觉间故步自封。尤其是女人，有些女人是全职太太，因而生活中接触的圈子更小，无形中就会闭塞自己的内心。其实，在所有的人际交往中，开放的心态，是良好沟通的基础，也是打开沟通渠道的必备条件。

细心的朋友们会发现，现实生活中，那些处处受欢迎的女人，往往是拥有开放心态的女人。这样的女人虽然看起来大大咧咧，但却很真诚，而且当她们敞开怀抱容纳他人时，他人也一定会感受到她们的心意，从而对她们也更加真诚友善。这就是人与人之间的相互作用力。所以朋友们，不要再抱怨他人不愿意靠近我们，不愿意与我们交往，而要首先反省我们自身是否已经成功打开心扉，迎接他人的到来。

拥有开放心态的女人往往对于整个世界都非常热情，而且她们对于自己的人生也有着强烈的进取心。她们充满活力，不管做任何事情都能够保持强劲的动力，哪怕她们知道自身有着很多的缺点和不足，也不会自暴自弃，而是会努力提升和完善自我。在人际关系中，她们人缘很好，因为她们总是能够积极主动结识陌生人，在和朋友的交往中也乐于付出，喜欢交流，因而很容易在人际交往中保持良好的互动。和她们相比，那些故步自封、自以为是的人，根本无法适应社会的需要，甚至无法在这个社会上成功地生存下来。所以作为女人，我们千万不要因为所谓的安全问题或者出于自我保护的需要，就对自己万分紧张，甚至禁锢自己的发展。要知道，整个世界如今已经成为一个地球村，融合与交流已经成为全世界的流行趋势，我们又如何能够置身世外呢？

大学毕业后，俊雅进入一家心仪的公司工作，她原本想认真勤奋，好好表现自己，但是却没想到自己进入公司之后因为性格内向，直到一个月后也没有成功融入集体生活中。虽然交朋友属于私事，但是这样的

封闭却使得俊雅无法和同事们更好地交流合作，因而严重影响到她的工作。俊雅为此觉得很苦恼，因而特意咨询了公司心理诊室的陈医生。

在给俊雅做完心理测试后，陈医生对俊雅说："其实，你的能力很强，愿景也是好的，但是你唯一的不足在于你对于人际关系非常紧张，不愿意敞开心扉面对其他人。"俊雅委屈地说："我的确性格内向，但是为何他人不能接纳我呢？其实一旦熟悉之后，大家会发现我并不像看起来那么内向，我实际上也很愿意结识新朋友。"陈医生笑了，说："所有新人初入职场，尤其是进入一家新公司，都需要经过一个适应过程。尤其和同事之间的关系，当然老同事是不会过于在乎新人的，也就很少做到主动和新人沟通，或者拉近关系。作为新人，其实有很多借口可以接近老人啊，诸如请教一些疑难问题，或者主动和老人交流，畅谈在工作中的感受。但是总的原则是，新人要敞开心扉，这样才能得到老人的接纳。"

陈医生的一番话打开了俊雅的心结，一直以来她还等着老人来关心她呢，却没想到职场中人人都很忙碌，谁也没有时间主动与一个新人搭讪。而新人要想站稳脚跟，就必须主动出击，才能如愿以偿结识更多的朋友。想到这一点，内向羞涩的俊雅意识到自己再也不能自我封闭了，于是她"厚着脸皮"主动出击，果然很快与一个和善的老员工熟络了起来，也以此为缺口征服了更多老员工的心。两个月之后，俊雅成为公司里最受欢迎的人之一，她在工作上也取得了突飞猛进的发展。

人与人之间相处的目的实际上是为了达成沟通，基于这个目的，我们要想与他人之间建立友善关系，就必须首先敞开心扉，向他人展示我们的真诚友好。当我们传递出的友好讯息被他人所接受，他人自然也会投桃报李，友善地回应我们。在此基础上，一来一往的交往就成功建立，我们与他人之间的关系也得到有效改善。

需要注意的是，很多女性朋友总是习惯于隐藏自己，而用各种伪装之后的面目示人。实际上，这一则会使他人误解我们，二则也会阻碍我们与他人之间关系的发展。真正的社交达人从来不会刻意伪装自己，而是会以自己的真实面貌示人，这样的人际关系才会更加长久，也更容易建立良性发展的秩序。

戒掉抱怨，心怀感恩的女人才幸福

陈红的一首《感恩的心》，唱遍了祖国的大江南北，也使人们意识到心怀感恩的重要性。在人生之中的每一个时刻，我们都要心怀感恩，唯有如此，我们才能表现出对生活的热爱，也才能获得生活慷慨的馈赠。

人们常说，只有心怀感恩，才能感激命运赐予我们的一切，也才能创造更多的美好。现实生活中，很多女人都对现状不满意，殊不知，抱怨只会使我们越来越远离幸福，唯有心怀感恩，我们才能更加领悟生命的真谛。西方国家有感恩节，还有很多基督教徒在用餐之前都会进行虔诚的祈祷。且不说上帝在客观世界是否真实存在，我们可以确定的是，当一个人心怀感恩，上帝就在他们的心里。作为女人，尤其要对世界心怀感恩。诸如我们要感恩阳光雨露，给我们的生活带来明媚和滋润；我

们要感恩鲜花，让我们的生活气味芬芳；我们要感恩家人和朋友，是他们陪伴我们走过人生中最艰难无助的时刻；我们要感恩爱人，是他们使我们体会到生活的美好；我们也要感恩对手，是他们促使我们不断成长；我们甚至要感恩仇人，是他们让我们的心变得更坚强……总而言之，这个世界上的一切都值得我们感恩，我们唯有更加心存感激地活着，才能感受到生命的美好。

现实生活中，每个人都是独一无二的存在，每个人的人生也都是不可复制的绝版。在面对自己的命运时，我们是抱怨还是感恩？如果抱怨，我们非但无法得到命运的青睐，反而会使一切在我们怨恨的戾气中变得越来越糟糕。如果感恩命运的赐予，从而坦然面对命运安排的一切，积极主动地解决问题，那么我们的人生很有可能出现奇迹。所以我们无需抱怨命运不公，更不必强求命运的公平，我们只需要感恩自己拥有的一切，就能得到真正的幸福快乐和内心的从容安乐。

小学时候，我们就学过课文，知道小猴子捡了芝麻丢西瓜，最终毫无收获的故事。实际上，如果我们不能成为欲望的主人，主宰欲望，那么日久天长，我们也必然被欲望所捆绑，最终失去自己对于人生的主动权。不管我们的生活现状如何，我们都是自己人生的主宰。在这种情况下，我们要努力学会把握自己的命运，要对生活心怀感激，从而满心欢喜地生活。

感恩不仅仅是一种心态，更是我们每个人对待生活的态度。生活就像一面镜子，当我们以哭脸面对生活，生活也必然哭着对待我们。只有我们以笑脸对待生活，生活才会回报我们以微笑。作为女人，要对生活敏感细腻，但是却不要对生活过于苛责。当我们怀着感恩的心面对生活中点点滴滴的美好，甚至是挫折和磨难时，我们才能心胸开阔，勇敢应对生活中的酸甜苦辣咸，也才能敞开怀抱迎接生活的各种挑战和磨难。记住，爱生活，爱自己，我们的人生才会更加美好。

洒脱从容，智慧女人取舍间绝不患得患失

很多喜欢下棋的人都恨不得找到一个脾气相投的棋友，痛痛快快地杀上几盘。然而，好棋友可遇而不可求，与自己志趣相投、性格相近的好棋友，更是如同知己一样难以遇到。那么当我们勉为其难和不那么合心意的棋友下棋，最害怕遇到什么情况呢？不是对方棋艺太高超，也不是对方下棋完全不按照套路，而是对方每走一步棋，总是很快就要悔棋，甚至有些棋友还会一下子悔掉好几步棋呢！这样的局面，真的很让棋艺棋德好的人感到啼笑皆非，哭笑不得。毕竟真正德艺双修的好棋友，是不会接连悔棋的。

人生也如同下棋一样。不过，人生并不能悔棋，因为这个世界上根本没有卖后悔药的。所谓的悔棋，只是平白无故自添烦恼而已，除此之外没有任何好处。其实，人世间的万事万物都要取得平衡，这样才能更加和谐。也有人把这个平衡的节点称为临界点，意思就是恰到好处、分毫不差的那一点。人生之中，总是能找到临界点从而成功保持平衡的人，当然是很厉害的。不过，能够落棋无悔，让自己的人生从容的人，

也同样值得我们钦佩。哪怕我们是棋艺非常高超的人，我们也无法保证每一步棋都走得恰到好处，同样的道理，在生活中，哪怕我们竭尽所能，也无法做到面面俱到。

现实生活中，尤其是女性朋友，更容易患得患失。她们也许刚做出一项决定或者选择，但是很快又觉得自己过于草率，或者还没有经过慎重的思考。这种落棋有悔的人生，显然无法给女性朋友带来良好的人生体验。因而明智的女性朋友往往都在努力战胜自己的弱点，从而使自己面对生活的时候更加从容不迫，哪怕选择错了，也能够坦然承担一切后果。

懊悔之所以时常来搅扰我们的生活，就是因为人心的患得患失。其实这个世界上的很多事情都不是绝对的，诸如对于一件事情的处理方式并没有绝对的对错，对于一个人的评价也无法做到绝对公平。既然如此，我们为何还要这山望着那山高，患得患失呢！亲爱的女性朋友们，从现在开始你们就要告诉镜子里的自己：我是最棒的，我的爱人是最适合我的，我的家庭是最幸福的，我的工作也是最有发展前景的。当我们因此而放弃心中的焦灼不安，坦然面对人生时，我们的内心一定会恢复平静，我们的人生也会达到新的平衡。毫无疑问，和充满懊悔沮丧的人生相比，这样的人生更加幸福淡然，也能够帮助我们活得潇洒从容。

悟性高的人，很容易就能拎得清生命之中重要的那些东西。人们常说，钱能买得来房子，却买不来家；钱能买得来陪伴，却买不来爱情；钱能买到昂贵的药品，却无法挽回生命。不得不说，这看似打油诗的几句话，实际上是无数前辈用自身的血泪史凝结出来的。取舍除了要分清楚生命中的轻重主次之外，还要懂得人生的智慧。很多事情的结果并非取决于事情本身，而是取决于我们的一念之间。当我们的心想得开，我们的人生也就会豁然开朗。当我们心中郁郁寡欢，对于人生之中的很多事情都感到烦忧，我们的人生也会变得紧张局促。正因为如此，聪慧的人才能得到幸福，而愚钝的人只会让人生更加不幸。

常言道，天下没有不散的筵席，而且没有任何东西是永远属于我们的。所以与其抱怨生活中的种种不如意，倒不如抓住宝贵的人生时光，把一切事情都看得开，想得远，也能够恰到好处地把握好。正如古人所说的，塞翁失马，焉知非福。人生之中，得失也是可以相互转化的。有的时候，我们得到了很多，诸如占了某个朋友的便宜，但我们却因此失去了朋友，可谓得不偿失。有的时候，我们为了帮助朋友慷慨付出，失去很多，但我们却收获了友谊，更收获了人世间最宝贵的真情。这样的得失，我们又该如何选择呢？相信明智的朋友自会取舍。

对于女人而言，到底怎样的人生才算是成功的人生？对于这个问题，很多女性朋友都有自己的理解。实际上，成功从来不是一个硬性的定义，每个人对于成功的理解，不但取决于他们的思想和观点，也受到他们人生经历和经验的影响。同样一件事情，对于一个人而言是不值得的，对于另一个人而言却是非常值得的。所以得失只在于我们的心间，正确的选择也只能由当事人自己做出评判。当尘埃落定，当内心充满阳光，女人也就得到了脚踏实地的幸福。归根结底，日子是过给自己的，又何必在乎其他人怎么想、怎么看呢！

女人自尊，才能赢得他人尊重

几乎每一个女人都希望得到他人的尊重，殊不知，尊重并非是凭空降临到女人头上的，而是女人主动争取到的。一个女人要想得到他人的尊重，首先要学会尊重自己。很多女人总是因为自卑而妄自菲薄，甚至对于自己的人生毫无信心。在这种情况下，女人如何能够得到他人的尊重呢？

自尊，就是自己尊重自己，哪怕被别人看不起，自己也对自己充满敬意。自尊的女人在人际交往中不会自轻自贱，也不会自觉低人三分。因为尊重自己，她们也会尊重自己的选择，能够意识到自己的长处和优点，从而怀着信心，通过自身坚持不懈的努力，不断提升和完善自我。在人际交往中，自尊的女人不卑不亢，既不会瞧不起他人，也不会瞧不起自己，因为她们对待自己的态度也折射到人际关系上，所以她们会尊重他人，并且成功赢得他人的尊重。

曾经有位名人说，自尊是人类灵魂的杠杆。的确，有很多人面对人生的厄运，遭遇人生的困境，却始终对人生不离不弃，就是因为他们把握住了人生的杠杆，因而能够收获幸福快乐。

在社交生活中，拥有自尊的女人才拥有财富和资本，才能在哪怕身材矮小、长相不够漂亮的情况下，为自己赢得他人的尊重。简·爱最大的魅力就是自尊，这充分说明自尊并非建立在任何物质条件下。只要我们怀着自尊，在社交生活中与他人平等相处，既不卑躬屈膝，也不盛气凌人，那么我们就能和简一样凭着不卑不亢的态度，得到他人的尊重、信任、理解和爱护。

需要注意的是，自尊也应该适度。过度的自尊，往往会让女人们自视甚高，变得自傲，最终无情地伤害他人的自尊，这样一来自然也就会失去他人的友情。正如上文所说的，我们要学会设身处地为他人着想，在维护自尊的前提下，考虑到他人的尊严，从而更好地与他人交往。自尊应该是有弹性的，而不是一成不变的。当交际的需要大于自尊时，我们可以适当降低自尊，从而给交际让路。但这并不意味着我们可以失去自尊，这里所说的适当降低自尊，是在合理的范围内，绝不是以失去尊严为代价的。有的时候，很多女性朋友为了维护所谓的自尊，不惜与他人反目成仇，甚至因为他人一句无关紧要的话，就与他人针锋相对，甚至对他人展开攻击，这也是有些小题大做了。当听到他人不那么悦耳的话时，如果不涉及人身攻击，我们不如一笑置之，反而能够彰显出我们的宽容大度。总而言之，自尊的方式有很多种，我们应该审时度势，根据现实情况进行适时调整。唯有如此，我们的自尊才能恰到好处，也才能成为我们与众不同的魅力标签。

永远做自己，保持个人魅力

对于女人而言，潮流是一个比较敏感的词汇，确实，在我们身边总是不缺乏那些追逐潮流的人，尤其是女人。当然，追逐潮流并不是一件错事，毕竟爱美之心人皆有之，更何况爱美还是女人的天性。但是，一

些女人却是在毫无目的的情况下盲目追求潮流，结果不只弄得自己身心疲惫，而且还得不偿失。当然，女人有爱美的权力，也会追逐潮流去赢得男人的心。只是，许多女人为了讨得自己的男人欢心，不惜花费大量的金钱和精力去追赶潮流。而潮流变化日新月异，还没等女人们反应过来就已经改变了，于是，许多女人在赶潮流的过程中弄得筋疲力尽，最后搞得自己魅力全失。

苏菲亚是一个时髦女郎，同时也是一个痴情种子。为了让自己和男朋友的爱情永葆"新鲜感"，她每月都会将自己薪水的大部分花在梳妆打扮上。而一些新款衣服刚上市的时候价格都比较昂贵，所以许多精明的女人总是过段时间再买。但是苏菲亚却不这样看，她觉得等到所有人都可以穿上新款衣服的时候，那就体现不出自己的魅力了。所以，每有一款新式的服装刚上市，苏菲亚就会毫不犹豫地把它买下来，所以，周围的人都开玩笑说："有了苏菲亚在身边，根本不用去买时装杂志就知道最近流行什么。"

苏菲亚认为自己这样做一定会赢得男朋友的喜欢，但谁料突然有一天男朋友提出与自己分手。男朋友告诉苏菲亚，自己已经喜欢上了另外一个姑娘，那就是玛莎小姐。苏菲亚感到很不理解，不明白自己为什么会失败，在她看来，玛莎可以说没有一点品位，一年四季几乎都是穿那套老掉牙的职业装。男朋友说："苏菲亚，事实上我从来没有真正留心过你穿什么衣服，即使你穿的是最时髦的衣服，在我看来也没什么分别，相反，正是因为你不断地追求时髦，反而使我认为你是一个只知道花钱不知道赚钱的人，所以我只好选择放弃。"苏菲亚显然不服气，生气地说："即使这样，你也不应该选择玛莎啊！"男友摇了摇头说："你错了苏菲亚，虽然玛莎总是穿着职业装，但在我看来却是魅力非凡，尽管显得跟不上潮流，但她却始终都保持着自己一贯的风格和独特的魅力，也正是她这种职业女性的魅力征服了我。"

或许直到最后苏菲亚也不知道自己输在了哪里，尽管她追求潮流没有错，不过那样却会让她失去自我。因为社会上流行什么她就是什么样子，而一旦不流行了她就改变样子。而对于一个男人而言，可能没有一个人会喜欢那种千变万化的女郎。反之，他们的心更容易跟着那些能够永远保持自己独特魅力的女人走。

娜沙新交了个男朋友，因此这段时间正沉浸在甜蜜的爱情之中。娜沙很看重这个新男朋友，确实，这位年轻的小伙子不但仪表不俗而且事业有成，是许多姑娘梦寐以求的白马王子。当然，小伙子也很喜欢娜沙，因为她性格温柔，看起来很淑女。

有一次，娜沙和男朋友一起看了一场电影，回来之后，小伙子一直说电影中的女主角真不错，把一个泼辣果敢的女人塑造得活灵活现。娜沙听完之后，心中就以为自己的男朋友一定喜欢那个类型的女人，于是，她决定改变自己。

但是，就在她改变的第三个月，男朋友提出和她分手，理由是受不了她的泼辣。娜沙委屈地说："自己所做的一切都是为了他，因为他曾经说过喜欢电影里那种类型的女孩子。"小伙子这才明白过来，他对娜沙说："你就是你自己，干嘛要学别人？我说那个女主角不错，是因为她不过是虚构的一个人物，而你，娜沙，却是实实在在的，我当初之所

以选择你，那是因为你的温柔，然而你却放弃了自己，对不起，现在的你我无法接受。"

　　每个女人都想将自己最漂亮、最有魅力的一面展示给自己喜欢的男子，这是不可否认的事情。但是，假如女人不能保持自己一贯风格的话，那男人的心很快就会溜走。理由很简单，因为你没有什么地方真正让他痴迷。所以，女人要想让男人为你着迷，那最好的办法就是让自己保持独特的魅力。女人要想保持自己独特的魅力，那就要根据自己的外形条件和内在气质来选择着装，将自己最有魅力的一面展示给男人，而不是随波逐流，盲目追求时尚潮流。

　　在现实生活中，许多女人对自己没有正确的认识，往往把羡慕的眼光投向别人。为了让自己充满"魅力"，她们不惜改变自己的外表、行为习惯乃至思维方式，极力模仿自己心中的偶像。但是，模仿毕竟是模仿，永远无法与最真实的气质流露相提并论。结果，这些女人不仅失去了自我本来的魅力，而且也让心仪的男人开始疏远她们。

　　所以，女士们，不管怎么样，请保持自己独特的个人魅力吧，那才是吸引人的杀手锏！

第02章

不要假装坚强，无须刻意伪装

现代社会，每个女人都如一个多面手，要兼顾生活、工作和家庭，要成为一个合格的妻子、孝顺的女儿、全能的妈妈，女人太累了。然而，不少女人认为女人就应该坚强，此话不假，但女人也是平凡的人，如果你累了，就说出来，无须刻意伪装，累了，就放松自己，只有这样，才能重获力量，继续往前走。

女人认清自己，才能轻松面对人生

现实社会的生活光怪陆离，形形色色。尤其是随着社会的发展，越来越多的人更加追求物质、金钱和名利，而忘却自己的本心，甚至无法体会到自己存在的意义，导致失去自我。不得不说，正如苏格拉底所说的，世界上唯有自己才是最难认清的，这句话非常有道理。虽然我们必须通过很多表面上的成功来验证自己的确是很有能力的，但是我们必须首先认清楚自己，其次才能最大限度发挥自身的能力，以自己的成功让别人对我们刮目相看。当然，实现人生意义的方式也并非只有成功一种。通常情况下，认清楚自己是非常漫长的过程，又因为"不识庐山真面目，只缘身在此山中"，所以我们往往无法明确知道自己的优势和劣势，导致对自身非常迷惘，也对人生失去把握。

一个人必须认识清楚自己，对于自己的人生目标和意义所在都有准确清晰的定位，才能消除恐惧和焦虑，轻松自如地面对人生。所谓尺有所短，寸有所长，我们也必须知道自己的优点和不足，才能取长补短，扬长避短，也才能更加了解自己。试想，一个人如果根本不了解自己，又如何有的放矢地做到成功规划和改变自己的人生呢？尤其是对女人而言，假如连自己都不认识也不了解，也就不可能实现所谓的知己知彼，百战不殆。

很多朋友都曾经读过《茶花女》，也对茶花女悲惨的生活感到非常同情。然而茶花女的悲剧并非是命运使然，更大的原因是茶花女对于自身根本没有清醒的认识，而且在失去爱情之后只会沉湎于悲伤之中无法自拔。这样一来，她的命运可想而知有多么悲惨。假如茶花女能够和其他主动积极的女人一样勇于追求属于自己的爱情，成功把握自己的命运，那么她的人生一定截然不同。由此可见，一个女人要想成功把握人生，获得幸福的青睐，首先要认清楚自己，从而才能弥补自身的缺点，发扬自身的优点，让自己更加从容地应对人生，成功把握命运。

很多女性都自以为了解自己，实际上，她们对于自己的了解并不比对于朋友或者同事以及家人的了解更多。有的时候，主观意识会蒙蔽我们的眼睛，甚至使得我们根本无从下手打开自己的心扉，也很少有人能够真正做到与自己对话和交流。那么，我们到底应该如何了解自己呢？所谓认清楚别人简单，认清楚自己却很难。曾经有个推销员为了提升自己的销售技能，四处请客户吃饭，目的只是为了让客户说出自己对他的感受和批评以及建议。果然，在请无数客户吃过饭之后，他不仅更加清楚深刻地认识了自己，而且销售能力也大幅度提高。

其次，人都是主观动物，很多人在处理关于自己的事情时，难免会带有强烈的主观色彩。因而我们要努力跳脱出来，从而更加客观地评价自己，也对自己的优缺点都有所了解。所谓金无足赤，人无完人，不管我们对自己多么满意，那都是主观上的满意，从客观的角度而言，我们一定是有缺点的，有时候还会有致命的缺点。因而我们要更加注重反省

自身，从而对自身的表现和特点有更深层次的了解。这样，我们才能不断地获得进步，距离成功也越来越近。

需要注意的是，很多人在认识清楚自己以后，总是对自己非常失望。接下来，我们要做的就是悦纳自己。这个世界上没有绝对完美的人，在人生的路上也许我们历经坎坷，失败过很多次，但是我们恰恰可以借助于这些机会，让自己汲取经验和教训，最终取得胜利。

尤其是女人，她们细腻敏感，更容易无端地陷入沮丧和绝望之中，而且常常会被自卑的情绪困扰。在这种情况下，女人应该尽量避免感情冲动的弱点，从而更加理智地思考，为自己树立坚定不移的信念和信心。总而言之，女人的心智成熟并非在一朝一夕间就能完成，唯有自尊自爱、独立自强，女人才能在人生的道路上越走越远，才能走出属于自己的人生之路。

懂得拒绝，别事事逞强

通常情况下，人们对于自己所提出的要求，总是念念不忘，如果提出了要求后长时间没得到回应，就会认为自己没能受到重视。顿时，他们心中的那种反感、不满情绪就会由此产生。相反，作为被要求者，即使不能答应对方的要求，但是，如果自己能做做样子，适时说出自己的难处，那提出要求的人不仅不会抱怨，反而会心存感激，甚至，他们会主动放弃那些让你为难的要求。

在日常工作中，免不了会遇到需要拒绝上司的时候，有可能是工作任务，有可能是一些无理要求，这时，高明的拒绝方式应该是说自己的难处，让上司与你感同身受，让他明白你真的是无能为力，而不是故意拒绝。如此的拒绝方式，不仅能很好地遵从自己的意愿，而且，也会令对方感到心存愧疚，因为他觉得自己是在强人所难，于是，自然而然地，他就会主动放弃自己所提出的要求。

早上，李经理来到王主任的办公桌前，笑着问道："小王，在忙啊？"王主任心中一动，心想肯定是经理要找自己去帮忙做事了，这个李经理总是利用工作事情吩咐下属去帮他做一些私人事情，以前总是不知道该如何拒绝，这可怎么办呢？

想了想，王主任回答说："是啊，您看，这一摞文件，全是今天需要整理出来的，本来今天是我老婆生日，但为了工作，估计晚饭都不能回家吃了，刚才老婆还打电话向我抱怨呢？"说完，停了会，王主任打算主动问："经理，有什么事情吗？"李经理有些不好意思："本来我打算请你帮我做件事情的，可看到你这样忙，我也不好意思了，你自己先忙吧，也别忙得太晚了，还是早点回家跟老婆吃饭吧。"王主任笑了笑，没说话。

王主任早就猜到了经理需要自己帮忙，于是，还没等经理正式提出要求，王主任就表示自己今天真的很忙，连老婆过生日也不能陪了，难道我还有多余的时间来帮你做事吗？这样一说，经理感觉到小王确实很有难处，连他自己也觉得不好意思，而那种被拒绝的不快之感早就淹没在内疚之中了。

那么，在现实工作中，面对上司的要求，职场女性该如何拒绝呢？

任何一个上司在听到下属难处的时候，他们总是会不由自主地产生同情心，他们会想"原来他已经很忙了，我怎么还好意思麻烦他呢""他确实有难处，对我提出的要求难以办到，这不能怪他"。在这样的心理作用下，即使你拒绝了上司的要求，但他还是会以理解、体谅的心理对待你，自然而然，也不会再强求于你。

如果你拒绝的那些话，恰好能够说到上司的心里，那就更能让上司"感同身受"。比如，对上司说"您也知道，我最近都在忙那个企划案，几乎每天晚上都工作到两三点，我想暂时是没有多余的时间来做其他事情了"。如此一说，上司看到这样拼命的下属，还会说什么呢，只会送上赞美之词，而浑然忘记了自己所提出的要求。

在现实工作中，我们经常所遇到的就是上司所提出的要求，有可能是在你忙得焦头烂额的时候，麻烦你倒杯茶；有可能是在你下班回家的时候，邀请你一起喝酒；有可能是将一件棘手的工作交到你手里。虽然，作为下属，无论是从哪方面来说，都需要服从上司的旨意，但是，在适当的时候，也需要对上司说"不"。

当然，在拒绝上司的时候，切忌泄露自己的主观心理，诸如自己根本不愿意去干这样的事情，或者，只是找个借口拒绝。而是需要尽量地诉说自己的难处："真的有事，走不开""对于这件事，我真的无能为力，我已经做了很大的努力了，但还是没有办法""我这个周末的行程已经排得很满，你也知道的，那个工作计划我必须在下周一赶出来，否则又得耽误同事们的工作了"。如此的种种理由，定会令上司觉得你是真的有难处，在心理上，他能理解你，那么，他自然不会再强求于你，甚至还有可能赞赏你的这种行为。

在某些时候，需要拒绝上司提出的要求，对我们而言确实有不得已的难处。这时，不妨坦率地告诉上司自己的难处，毕竟上司的心也是肉长的，他听了下属的难处，自然会明白其中的真意，理解了、体谅了，他就会主动放弃自己的要求，与此同时，他心中也不会产生不快的情绪。

女人要自信起来，释放真实的自我

生活中，女士们常常会模糊自己真实的内心，习惯于在心里给自己设限，不仅无法释放潜能，反而会产生一种挫败感，导致最后还没有翱翔于蓝天就落地了。如果习惯了自我设限，那么心就会失去向上生长的动力，只能在被束缚的范围里挣扎、无助。所以，不管女士们遭遇了什么样的挫折，都不要随意地否定自己，否定自己就意味着扼杀自己的潜力和欲望。许多女士不敢去追求梦想，不是梦想太远，而是因为她们心里已经默认了一个"高度"，而这个高度常常使她们受限，以至于她们无法看到未来确切的努力方向。

有一次，我的助手生病了，她无法像往常一样给我准备课程了。但是我需要一个助手，于是我想在课堂上寻找一名学员来代替她的工作。快要下课时，我随便点了一位坐在第一排的女学员的名字，希望她能暂时做我的助手，令人遗憾的是，这位女学员含蓄地婉拒了我。

当时，我并没有想太多，当即决定另外找一位学员。但是，这位女学员却感到非常内疚，她在课后找到我说："卡耐基先生，我非常抱歉，说实话我其实很想帮忙。"我听到这样的话觉得很惊讶，便非常好奇地问："可是，你最后还是拒绝了。"这位女学员显得十分难为情："我这个人很笨拙，记忆力不好，像我这样的能力估计不能帮忙，反而会给您徒增麻烦。"

我想，这位学员并不知道一个道理：每个人身上都隐藏着巨大的、无限的潜能，简单地说，你所能做到的事情远比你想象的要多很多。许多女士总是以自卑的心态来估量自己的能力，总认为自己的能力不够，怯于尝试，导致自己潜在的能力无法真正得到发挥。当然，这是大多数女士无法释放自己潜能的确切原因。

在生活中，许多人不敢追求成功，原因并不是追求不到成功，而是他们在还没有开始追逐之前就在心里默认了一个"高度"，这个高度常常暗示自己：成功是不可能的，这个是没办法做到的。"心理高度"成为了人们无法取得成功的根本原因之一，自我设限是一件很悲哀的事情，跳蚤在被困住后并非失去了跳跃的能力，而是它们在受挫之后变得麻木了、习惯了。所以，我们要将成功的信念注入血液之中，不断地告诉自己"我能行""我努力就一定能成功""我是最优秀的"，不断增强自信心，勇于向成功奋进。

许多女士在面对挫折与困难的时候，心底都会传出这样的声音：我做不到的。自己束缚了内心，最终，她真的没有做到。一旦一个人自我设限，并且一直认定自己就是个什么样的人时，他就是在否定自己，甚至他不会自我挑战，只想任由自己一直如此下去，而这终将导致自我毁灭。其实，"我做不到"是一种逃避的心态，在还没有开始之前，他就先被打倒了，如果人生始终以这样的逃避心态进行，那么，将会留下许多难以弥补的遗憾。因此，女士们应该突破内心的束缚，当心开始恐惧的时候，应该大声对自己说："你一定能做到的。"不断地暗示自己，释放出真实的内心，以此获得最后的成功。

有人这样种南瓜：当南瓜只有拇指大的时候，就把它装在罐子里，一旦它渐渐长大，就把会罐子内的空间占满，等到没有多余的空间了，而南瓜则会停止成长，于是，南瓜就一直维持在罐子里的那种形状了。我们的心就如同南瓜一样，当它习惯了自我设限，在被束缚的范围里就不能自由生长，它会逐渐失去向上生长的动力，只能在原地徘徊。其实，束缚是源于内心的不确定或者不自信，当我们能够坚定告诉自己"一定能行"，从内心深处建立起强大的自信，这种不确定或者不自信的束缚将会消失，而释放出真实的自我。

所以，女士们，在人生前进的路上，不要忘记告诉自己——你一定能行的！

压力来临时，女人要学会合理宣泄自我

一位内向的年轻女孩来到心理咨询中心，说道："前两个月我被公司解聘了，心里很恼火，不愿意见人，整天就呆在家里，憋得心慌，内

心也变得更加痛苦，有什么办法能够摆脱这样的处境呢？"心理医生这样建议："你这样是不行的，时间长了就会变得郁郁寡欢，寻找一种让自己放松的方式吧。"

法国作家大仲马说："人生是一串由无数的小烦恼组成的念珠。"在日常生活中，烦恼、怨恨、悲伤、忧愁或愤怒等不良情绪都是常见的情绪反应，这些都容易成为内向者的典型情绪。内向者生闷气的时候，实际等于整个人都陷入了不良情绪之中，容易产生孤独感和抑郁症状，缺乏积极进取的精神。总而言之，闷气让一个人变得郁郁寡欢，因此，我们需要寻找让自己放松的方式。

培根说："无论你怎样表示愤怒，都不要做出任何无法挽回的事来。"美国前总统林肯如果在外面和别人生气了，回到家里就会写一封痛骂对方的信，当家人第二天要为他寄出那封信的时候，林肯会极力阻止："写信时，我已经出了气，何必把它寄出去惹事生非。"如何面对心中的种种不良情绪？当然是合理地宣泄，放松自己。

其实，在很多时候，所谓的放松方式就是发泄心中烦恼，无压力地宣泄不满情绪，将心胸放开，这样就会减少一些不必要的烦恼，而且，这样也避免了不良情绪感染到其他人。不良情绪的产生是由于心理上失去了平衡，或者是自己的要求和欲望没能得到满足。因此，内向者可以转移心境，寻找一种放松的方式，这样不良情绪自然就会消失了。

所谓"怒动其身形"，有人在愤怒时暴跳如雷，面红耳赤，实际上，这就是一种能量发泄。人们常说："言为心声，言一出，心便安。"积极的能量发泄可以采取唱歌、怒吼等方式，这也不失为一种放松的方式。具体来说，可以通过以下方式合理地宣泄自我。

1. 大声哭泣

哭泣也是一种行之有效的方式，据调查，85%的妇女和73%的男人在他们哭过之后，心情就会好受一些。威廉菲烈博士说："哭可以将情绪上的压力减轻40%，哭是健康的行为，值得鼓励。"

2. 将不良情绪写出来

将心中的烦闷写出来，这也是一种自我放松的方式。一般情况下，写诗、写日记都能够有效地发泄郁积在心中的不良情绪，使情绪恢复到平静。而且，从心理学上说，适当发泄长期以来积压的闷气，可以减轻或消除心理疲劳，比起将闷气郁积在心中，将怒气发泄出来会更好，这样可以使我们变得轻松愉快。不良情绪就像夏天的暴风雨一样，需要我们适当发泄，这样才能净化周围的空气，缓解心中的紧张情绪。不良情绪，只会让我们变得越来越抑郁，想要获得全身心的放松，我们必须寻找一些放松的方式，发泄心中不满的情绪，驱赶心中的消极情绪，将自己解脱出来。

3. 大声吼叫或大声歌唱

电视剧《北京人在纽约》里，在面临破产的威胁，失败的阴影来袭的时候，王起明一边开车一边高唱"太阳最红……"，获得了心灵上的暂时放松；在日本，每年都要举办一次呐喊比赛，那些情绪不满者向远处的大山大叫，以发泄心中的怒气。或许，对于每一个人而言，他们都有着不同的放松方式，但是，我们最终的目的是赶走郁积在心中的闷气。

4. 激烈运动

有一位商人在谈到自己放松的方式时说："当我自知怒气快来的时候，连忙不动声色地想办法离开，跑到自己的健身房，如果我的拳师在那里，我就跟他对打；如果拳师不在，我就猛力地锤击皮囊，直到发泄完自己满腔怒火，整个人轻松下来为止。"

女人也要主动出击，为自己争取机会

佳宁刚刚应聘到一家公司上班，试用期是三个月。初入职场的新鲜感让佳宁干劲十足，三个月很快就过去了。佳宁心想，终于过了试用期，要成为公司的正式员工了。她一直等着人事经理叫她去填转正申请单。可是，过了一天又一天，都不见动静。佳宁想，莫非不用填单子直接就转正了？可是应聘时说是需要填的啊。惦记着这些事，她的心里一直七上八下的。一直到发工资的时候，佳宁一看自己的工资还是试用期的工资，佳宁按捺不住，终于去找了人事经理。人事经理听完她的诉说才一脸歉意地说："真是不好意思，我的事情太多太忙了，以往都是她们主动找我填的单子，你一直没来找我，我以为你还不到时间转正呢。我马上给你办手续，工资也调成正常工资。"

佳宁恨恨地想，你这分明就是玩忽职守啊。但是，她在人事经理办公室待了不到五分钟，就发现人事经理真不是一般的忙。千头万绪的事都要她处理，也许她真的是没时间注意一个新员工是不是该转正了，这种事只能靠自己主动。

佳宁从这件事中学到了让她受用一生的经验：自己的利益一定要主动争取，别人没时间时刻关注你的事情，不主动争取只能受损失。于是，在以后的工作中，她时刻谨记，凡事要靠自己主动出击。这让她以后再也没有发生过转正时的乌龙事件。

成功的机会每个人都会有，但是面对成功机会的态度却不一样。人生有两种人，他们对待机会的态度各不相同。第一种人是弱者，他们等待机会，如果机会不降临，就觉得寸步难行；第二种人是霸者，他们创造机会，即使机会没有来临，也觉得脚下有千万条路可走。女性朋友们，请记住上面的这一段话。相信它不仅有利于你的交际道路，甚至对你的一生都会产生一定的影响。

女性朋友们，在争取机会大胆秀自己之前，你知道自己需要做哪些心理准备吗？

1. 切忌哗众取宠的心态

如果个人准备不足，或者当别人被吸引后，自己又不能展现出应有的能力与思想内容，那么，这次展示不仅没有起到应有的效果，反而会被别人当作一次笑话来看待。善于展示并不是时时作秀，而是要把握好秀自己的时机，不然我们会被嘲笑成为哗众取宠了。

2. 树立好口碑，让他人从心底接受你

每个人都有自己的圈子，为了工作赢得更多的人际资源，首先就要经营好自己现有的社交圈，把自己的价值传播出去，在相关的职业圈子里，形成一种有利于自己的口碑，通过口口相传，使自己的价值为越来

越多的人所知。

3.思考一下如何合适地自我曝光

其实，"曝光"的方式需要委婉而含蓄，不要太过扎眼，强出头的方式不仅起不到推销自己的效果，还会成为别人谴责的对象。另外，"曝光"的次数也不宜过频过多，否则你就会给人留下爱出风头的印象。

女性们，在人生的大舞台上，要放得开，不要做总是被人忽视的小角色，镁光灯可以让给别人，但是也要记住：有自己擅长的"出演机会"一定要牢牢抓住。这样才能让别人眼前一亮，为自己赢得更广阔的空间。所以说，眼前有机会，该"秀"的时候一定不要客气，该"争"的时候一定不要退缩。机会总是留给准备好的人，在大多数人都无所适从的时候，那个能主动出击的关键人物必然能赢得对方的欣赏。

女人学会合理宣泄，赶走内心的烦闷情绪

戴娜女士发现运动是克服忧虑的最佳良方，当一个人烦恼的时候，若使用肌肉，少伤脑筋，最终的结果会出人意料得好。对戴娜而言，不管自己遭遇了什么麻烦，或者有什么忧虑，当她开始真正运动的时候，那些烦恼就会不知不觉地消失了。

戴娜女士在纽约市工作，一旦工作有空闲的时候，她经常会去健身房运动。当她在玩回力球或滑雪的时候，她所有的精力都在思考如何玩得愉快，根本没有多余的精力想心事，自然那些忧虑、烦恼等消极情绪

根本影响不到戴娜女士。或许，当戴娜尚未进入健身房的时候，她还是满天的阴霾烦恼，而一旦进入健身房，开始运动之后，本来乌云满布的天空只剩下了几朵乌云。一旦运动结束之后，那些新的想法与行动会出现在戴娜女士脑海之中，很快连那几朵乌云都消失了，天空完全放晴了。

所以，每当戴娜女士忧心忡忡的时候，或者总是为一件事烦恼的时候，或像一只漫无目的正在沙漠中兜圈子的骆驼的时候，她都会选择采用运动的方式来消除内心的烦恼和忧虑。

她平时都会做一些什么运动呢？戴娜女士可能会去跑步，或者到乡间散步，击沙袋半小时，或打回力球。不管戴娜做什么运动，她内心的忧虑、烦恼都消失得无影无踪。每到周末，戴娜女士都会做许多运动，比如绕高尔夫球场跑步、打板球、滑雪。当戴娜生理上觉得非常累的时候，她心里已经装不下那些忧虑和烦恼了，然后，一种新的活力开始重新滋生出来。

其实，在很多时候，所谓的放松方式就是发泄心中的烦恼，无压力地宣泄不满情绪，将心胸放开，这样就会减少一些不必要的烦恼，而且，避免了这样的不良情绪感染到其他人。

凯瑟琳的童年一直生活在恐惧中，在她很小的时候，母亲就因心脏不好而经常昏倒在地板上面。凯瑟琳非常担心母亲会因此离自己而去，因为她知道那些失去母亲的小女孩会被送进镇上的孤儿院。凯瑟琳非常担心也会被送进孤儿院，她非常担心这件事会成为事实。所以，在6岁之前，凯瑟琳会经常向上帝祈祷："上帝啊，请保佑我的母亲长寿吧，否则我将会被送到孤儿院去。"所以，各位女士们，祈祷也是一个不错的

方法。

在这里，我需要特别提醒那些正在烦恼的女士们，睁大眼睛，消除烦恼就看这里了。

1. 寻找鼓励自己的座右铭

你可以准备一本笔记本或是剪贴簿，然后寻找一些鼓舞人心的座右铭，包括诗句、名人的格言等。当你感到烦恼的时候，或者感到精神不振的时候，你可以看看这些座右铭，然后你会觉得情绪得到一种提升。

2. 对他人感兴趣

在公司里有一个非常孤独的人，她总觉得自己受到了别人的孤立。于是，医生建议她想象遇到的路人的身份背景。于是，她开始在公共汽车上，为自己所看到的人虚构故事，她假设这个人的背景和生活情况，假设对方的生活是怎么样的。慢慢地，她遇到身边的人就会主动凑过去聊天。现在，她变得非常快乐，成为一个讨人喜欢的人，她完全不记得曾经烦恼过。

3. 不要为别人的不足担心

女士们，在生活中千万不要为丈夫的缺点而操心，假如你希望丈夫是一位圣人，那估计他所想要娶的人也不会是你。假如你觉得自己嫁错了人，也不妨尝试这种方法。或许，当你发现他的优点之后，你会庆幸自己嫁给了他。

4. 上床睡觉之前，计划好明天的事情

许多女性朋友总感觉自己有做不完的家务，她们为此感到非常疲惫。在家里，她们好像永远有做不完的家务，时间总是不够用。对此，医生建议她们在前一天临睡前计划好第二天需要做的事情，这样或许能治愈女士们的忧虑情绪。

5. 使自己放松

放松，是避免疲劳和紧张的唯一途径。对各位女士而言，想必再也没有什么比紧张和疲劳更容易使人苍老了，而且还会令女人变丑。作为一个家庭主妇，最重要的就是学会如何放松自己。

无须伪装，学会向他人倾诉内心的忧虑

有了烦恼、怒气，若不及时宣泄，必然会变成坏情绪，因此，当自己愤怒时，或者在坏情绪郁积的过程中，我们需要及时地将那些不满的情绪宣泄出去。当然，宣泄情绪的方式有许多种，而向他人倾诉是其中一种行之有效的方式。一个人生活在这个世界，必然构建了一定的人际关系，有我们的家人，有我们的朋友，有我们的老师，等等，这些都可以成为我们的倾诉对象。倾诉内心的烦恼，他们会为自己分担一些坏情绪的愁绪。

可是，在现实生活中，许多女性面对他人谈论自己的事情却是讳莫如深，似乎伪装的面具就是坚强，无论自己多少烦恼，多么生气，也不愿向他人袒露，宁愿自己一个人死撑着。直到有一天因为闷气而爆发，朋友才惊讶："原来她心中藏着这么多不为人知的秘密。"为了不让自己被坏情绪所吞噬，女士们，学会倾诉吧，向自己的知己倾诉，他们会

为你分担一些坏情绪的愁绪。

如果你了解了约瑟夫·普雷特博士的应用心理学理论，我想你就明白向人倾诉自己的烦恼有多大的作用了。

1930年，约瑟夫·普雷特博士发现一个奇怪的问题：来波士顿医院求诊的女患者中，大部分人的身体完全没有什么毛病，不过在她身上确实出现一些症状：比如一个女患者的双手因关节炎而无法自由活动；另一个女患者好像患了胃癌，结果痛苦不堪；而其他那些女患者不是头疼，就是其他部分疼痛，且都是常年发作，或莫名的疼痛。不过，令人奇怪的是，经过医学的全面检查之后，却发现这些病人生理上是完全正常的。

这该怎么办呢？难道这些病都是这些女人想象出来的？或者说，对应的治疗方法就是让这些病人将这件事忘记，那病就好了？当然不是，毕竟大部分的女人并不想患病，假如她们可以很轻松地将自己患病的事情抛到九霄云外，那她们估计早就痊愈了，又何必来求诊呢？

普雷特博士决定自己开设"应用心理学"的实验班，希望可以帮助女患者治愈心理上的疾病。当普雷特博士刚开始这样做的时候，那些医学界的人士都抱着质疑的态度，然而结果是令人惊喜的。

其中，一位在实验班里待了九年的女士成功地治愈了自己的疾病。她刚开始来实验班上课的时候，她认为自己患了肾炎和心脏病，她每天都在忧虑、恐慌，有时甚至忽然失明。于是，她又每天担心自己的眼睛会瞎掉。就这样，她每天一直为自己担心、为家人担心，当时她真想一下子结束自己的生命。不过，因为加入到普雷特博士的实验班，她自信了，成为性格开朗、身体健康的女性，她懂得了忧虑对自己的坏处，也懂得如何消除内心的烦恼，可以说，她现在生活得非常幸福，尽管已经有了孙子，不过她看上去真的好像只有四十多岁。

在实验班中，有一个妇女本来有许多家务事的烦恼，当她刚开始谈论这些问题的时候，她看起来浑身非常紧张，全身紧绷得如同一根弹簧。不过，过了一阵子，她慢慢地平静下来了，身体也松弛了，到后来，她竟然可以露出微笑，说出自己心中的烦恼后，马上感觉到自己解脱了。

在生活中，当我们遭受工作或生活上的烦恼时，不妨寻找一个人聊聊天、诉诉苦。当然，我们所找的聊天对象并不是随便从大街上拉的一个人，而是寻找自己信任的人，这样才可以放心地将自己心中全部的苦水和牢骚说给对方听。当我们遭遇烦恼之后，我们可以寻找一个信任的人，与他约好一个时间聊天。当然，这个信任的人可以是亲人，也可以是心理医生，也可以是律师，我们可以对他说："我希望你能给我出出主意，我现在遇到烦恼的事情了，我希望你能听我说说，然后给我出出主意。或许，你站在你的立场可以给我一些忠告，看到一些我自己不曾发现的问题。当然，即便你无法给我一些意见，只要你愿意听我诉苦，当我是情绪垃圾桶，我就非常感激了。"

有人说："一个人如果有朋友圈子，就能长寿20年。"的确，向朋友倾诉内心的烦恼是排除坏情绪的有效办法。当女性朋友有不良情绪出现时，有可能会越想越愤怒，越想越伤心，这时，若是约个朋友，将自己心中的郁闷之气尽情地倾诉一番，在朋友那里寻求支持和解答，就可以获得一种心理上的平衡。

俗话说："当局者迷，旁观者清。"或许，那些对于自己来说不能解决的问题，在朋友的劝解之下，便会茅塞顿开，这样，心中的忧虑就会得到最大程度的宣泄。对每一个深陷烦恼的女士来说，朋友的倾听和理解才是最好的安慰剂，向朋友倾诉，不仅使郁闷情绪得到消减，心灵得到沟通，而且，在倾诉的过程中还能增强友谊，分享快乐。

所以，女士们，还等什么呢，如果感到忧虑和烦恼，不妨向身边的人诉说诉说吧！

第03章
善良的姑娘，运气总不会太差

心理学家马修·杰波博士说："快乐纯粹是内发的，它的产生不是由于事物，而是由于不受环境拘束的个人举动所产生的观念、思想与态度。"所以用善意去揣度他人，你眼中的大部分人就都是善良的，你的生活就是美好的；而以"恶毒""邪恶"的心去揣度他人，周围的人就都别有用心，刻薄恶毒，生活也往往一团黑暗。所以，女人，你眼中的生活往往是你内心的写照，心态平和了，生活就平凡美满了；心态乐观了，生活就绚丽缤纷了；心态豁达了，生活就充满幸福了，好运也就来了。

善良是聪明女人的不二选择

女人应该明白，善良比聪明更难，聪明是一种天赋，而善良是一种选择。生活是需要善良的，因为它是维持生活正常运行的润滑剂，可以使人与人之间充满温暖与呵护。优秀的女人必须是善良的，当然最好是又聪明又善良。

善良且聪明的女人，懂得爱自己和爱别人，可以游刃有余地应对纷繁的生活，她们很清楚自己应该做什么，不应该做什么，追逐真正属于自己的幸福，即便受伤了也会很快振作起来；只是善良不智慧的女人，天真无邪，心无城府，总是把事情想得太简单，凭借自己的幻想去征服人生，一旦受伤就很难恢复；只有聪明不善良的女人，总会用聪明的头脑去算计，喜欢占便宜，以为自己能拥有整个世界，其实最后什么也得不到。所以，如果说聪明是女人的天赋，那么善良则是一种选择。

聪明难，善良更难。而做一个善良的聪明人，或做一个聪明的善良人，更是难乎其难。早在1946年，胡适在北大开学典礼上讲话："我送诸君八个字，这是与朱子同时的哲学家文学家吕祖谦说的'善未易明，理未易察'。"

聪明的女人是明理的，然而理未易察，所以聪明很难。善良者总是知道什么是善，然而善未易明，所以善良也难。西晋时期，贾南凤残忍的杀人剖腹，而杨皇后却自告奋勇地跑出来，替残暴的贾南凤说好话，结果导致天下大乱，自己也被贾南凤囚禁饿死，三族并夷，这难道是善良吗？

你的智慧可能是与生俱来的，所以这并不需要你做出选择。但恰恰是因为这样，人们在选择善良时往往会故作聪明，从而让善良变了味道。

善良与智慧必须两者兼具，没有智慧的善良一旦成为习惯，那么最终受到伤害的只能是自己，而且付出越多，受到的伤害就越多。善良是女人的优点，不过假如这种善良过度了，抛弃了聪明，那就变成缺点，成为了软弱。

宽容，让女人拥有更多的好运气

很多女人都觉得美丽的容颜对自己而言是最重要的，殊不知，和倾城倾国的容貌相比，对于女人而言更重要的是要拥有宽容的气度。就像《白雪公主与七个小矮人》的故事里那个王后一样，她不停地问魔镜谁才是世界上最美丽的女人，魔镜每次的回答都无法让她满意，因为白雪公主比她更美丽。她作为第二美丽的女人，拥有第一美丽的女儿和整个王国，原本是应该觉得幸福的，但是她的心被嫉妒的毒蛇啃噬，最终她选择不择手段地害死白雪公主，而让自己成为世界上最美丽的女人。然

而结局是，白雪公主与王子幸福地生活在一起，王后非但没有成为世界上最美丽的女人，反而因为她的蛇蝎心肠为世人所知。

对于每一个女人而言，也许可以没有美丽的容貌，没有窈窕的身材，也可以没有富裕的家境和良好的运气，但是必须要有优秀的品质，宽容，忍耐，与人为善。唯有这样的女人，才能如同阳光一样使身边的人感受到温暖，也唯有这样的女人，才能以善良赢得命运的馈赠，拥有更多的好运气。

宽容，对于任何人而言都是一种高贵的品质，也象征着博大的胸襟和开阔的胸怀。宽容更是一种气度，宽容的人海纳百川，总是能够包容和接纳更多的人与事。只有明智的人才会在仇恨面前选择宽容，从而使自己的心挣脱仇恨，变得更加豁达从容。宽容也是一剂良药，能够医治人们之间的隔阂和仇恨之病，成就人们彼此宽容的美德。只有心智成熟的人才会选择宽容，而憎恨和斤斤计较是那些幼稚的人做出的选择。宽容的女人在美丽之外，更是平添了一种无法言传的魅力，她们不管是对于爱人、孩子，还是对于家人、朋友，哪怕是对于陌生人或者是同事，都非常宽容。但是，宽容不是怯懦，她们对待别人宽容，自己则能够勇敢地承担起生命的责任，成为最好的爱人和伙伴。她们对待生命的理解也更加深邃。因为她们知道，宽容他人，就是宽宥自己，唯有宽容对待他人，我们也才能被他人理解、体谅，甚至是原谅。

尤其是面对生命中的那些负面情绪，如果我们能够采取宽容的心态积极地包容，那么就能使他人发自内心地受到感动，也能使他人冷漠的心如同遇到阳春三月的阳光，哪怕有再多的阴霾和寒冰，都会被瞬间驱散和融化。冰雪消融的人生，当然会使我们感受到更多的温暖与爱，也会使这个世界变得更加从容和美好。

现代社会，人际关系被提升到前所未有的高度，人脉资源更是成为重要的资源，有的时候会影响甚至决定我们的命运。因而要想在现在的生活与工作中如鱼得水，我们就要结交更多的朋友。在这种情况下，宽容更是会派上用场，使我们得到更多人的欢迎。当然，要想做到宽容并非仅仅是说说这么简单。所谓的宽容，要求我们要学会站在他人的立场上思考和解决问题，设身处地为他人着想，唯有如此，我们才能更加理解他人，也才能发自内心地宽容他人。

当然，宽容也是有技巧的。现实生活中，很多女性朋友性格急躁，总是容易犯想当然的错误。她们一旦遇到小小的事情就马上开始抱怨，而根本不愿意听他人进行任何解释。所以爱急躁的女性朋友必须戒骄戒躁，首先要做到认真倾听他人，其次才能做到了解和理解他人，最终宽容地对待他人。生活中的很多现象和事情都不是孤立存在的，而是有着千丝万缕或者环环相扣的关系。喜欢看影视剧的朋友们会发现，人与人之间的误解，总是导致人心变得狭隘和苛刻。而宽容恰恰能够改变这一点，不但能使我们与朋友之间的关系变得和谐友善，也能有效地改善我们与其他人之间的关系，可谓一举数得。

宽容的人心态往往更加健康。我们对待他人宽容，对待自己严格，这样的严于律己和宽以待人，最终使得我们拥有良好的人际关系。很多细心的朋友会发现，孩子们总是非常快乐的，其实这也正是因为孩子们从不斤斤计较，而且即使发生了什么不愉快，也能马上抛之脑后。在很

多孩子一起玩耍的场合，有的时候孩子之间发生矛盾吵起来或者打起来了，父母也因此反目成仇，但是很快，也许仅仅是几分钟之后，孩子们就又会在一起玩耍，而父母却因为彼此仇视变得疏远，甚至老死不相往来，这就是宽容的力量。其实父母应该向孩子们学习，让自己变得更宽容，这样才能和孩子们一样得到更多的快乐，无忧无虑地生活。女性朋友们，我们也要把宽容当成法宝，始终心怀宽容，这样才能更加幸福快乐。尤其是原本心思细腻的女性朋友，更要以宽容作为人生的原则，调节心情，调整人生，在人际交往中收获好人缘。

女人，你的善良不能盲目

常常在电视里看到这样的女主形象：单纯，对任何欺负到自己头上的事情表示忍让，含着泪活着，善良得让人心疼。人可以善良，但不要盲目。有女孩一直帮朋友排队买东西，但自己上课却迟到了。亲爱的，你可以温暖，但别让温暖灼伤到自己。如果你的善良没有原则，对谁都善良，那只会让自己迷失。善良不盲目，需要我们对正确的事情和值得去善良对待的人或事情以温柔对待。

世界上最可怕的人，往往不是恶人，而是盲目善良的好人。有些人的盲目善良表现在"无知无明"，前几年有个新闻说的是，人们为了彰显自己的善良，相约一起去放生，结果把陆龟放到水里，导致陆龟被活活淹死，还有的人道听途说一些偏方就到处推荐给别人，这样的善良是极其无知的。还有一种盲目善良就是道德绑架，逼迫别人捐款，好像不捐款就成为十恶不赦的人。当善良变成强制，它就已经不是善意，而是以爱之名，捆绑了自己。

玛丽和苏珊是一对很好的朋友，感情好得可以穿同一条裤子，除了男朋友，其他的一切都可以分享。

玛丽的男朋友是一个不折不扣的渣男，当他们在一起的时候，男朋友毫不掩饰地说："我想去傍富婆。"有一段时间，他还真傍到了富婆，然后跟玛丽说："亲爱的，我还是最爱你，不过为了钱暂时跟另外一个女人在一起，你先委屈一下吧，等我骗到了钱，再回来和你在一起。"玛丽就这样被男朋友甩了，哭着把分手的过程告诉苏珊，苏珊很生气，痛骂渣男。

没过多久，玛丽跟男朋友复合了。因为那富婆只是跟他逢场作戏，于是他就回来找玛丽。玛丽毫不犹豫地回到了男朋友的怀抱，每天都表现得很幸福的样子。苏珊不忍朋友被伤害，总像个当妈的一样哀其不幸，劝她别被渣男的花言巧语所迷惑。玛丽对这些话总是听不进去，不仅如此，她还将这些话毫无保留地复述给自己的男朋友，结果玛丽的男朋友开始对苏珊很有意见，彼此的关系也很尴尬。后来渐渐地，苏珊和玛丽的联系越来越少，再后来，听到他们分手的消息，苏珊就再也没有过问。

玛丽盲目的善良，最终不仅伤害了自己，也伤害了关心自己的朋友。有些盲目的善良实际上是在捆绑自己，得不偿失。《儒林外史》里的杜少卿对谁都慷慨，久而久之，周围人什么事都找他要钱，杜少卿最

终散尽家财，一无所有。

世界有了规矩，坏人才有了约束，但最可怕的是数量众多、缺乏常识和逻辑的好人。在西方有一句名言：通往地狱的道路，往往是善意的石头铺成的。这个世界，从来不缺泛滥的善良，而缺少理智和克制。

当一个人的善良没有原则，毫无节制，那就会成为最大的恶。女人，需要善良，但不能做盲目善良的人。因为有可能你的盲目，恰恰会伤害自己，同时也会伤害别人，这样的结果是令人痛心的。

女人别让自己的善良为人利用

佛经上记载：一菩萨发现商队中混进了一个强盗，而且这个强盗准备寻机把商人们杀害后抢走财物。菩萨自然不忍，寻思到：我杀了强盗，就犯了杀戒，就要堕入地狱，而不杀强盗，就会导致更多的生命被杀害，这是两难，但菩萨以宁可下地狱也要拯救众生的精神，把这个强盗杀了。

什么是善良？真正的善良不是软弱，不是退让，而是从不去主动伤害别人，不会纠缠不休，懂得适可而止。女人的善良体现在为人处世坦诚以待，不欺骗，不撒谎，以善良的心去面对所有人。

在生活中，我们首要的目标是为了实现自己的价值，而不是为了求得所有人的认可。在我们身边，每个人的思维方式和行为方式都是不一样的，总会有一些人跟自己合不来，他们有可能会对我们的言行进行羞辱，面对这样的情况，你应该怎么做呢？

现代社会发展到如今，法治已成为一种普世价值，但也并非要求善良的人们需要"忍无可忍，再忍一下"，如果真的是这样，那还需要法律来保护自己吗？我们可以选择善良，但拒绝选择软弱，为什么一定要到"忍无可忍"才"无需再忍"？

《奇葩说》里，柏邦妮说过一句话："善良是很珍贵的，但善良没有长出牙齿来，那就是软弱。"善良不能毫无底线，没有原则，很多时候，强权和蛮横也是这样产生的，越是善良的人越是需要坚持自己的尺度，不能软弱得任人宰割。

面对一次次欺负自己的人，女人的善良在对方看来就是软弱，这样做对方不仅不会感激你，反而觉得你是个软柿子，因为你的善良过度了，成为了那些品德不好的人欺负的对象。事实上，现实社会是残酷的、现实的，在不经意间，你可能就会成为别人欺负的软弱对象。

心软是善良的一种。问题是，这个事情你能不能"扛"，值不值得去"扛"，能不能心安理得地去"扛"，只有善良，又能"扛"住多少负重？有时候，如果有人说一个女人"太"善良，其实就是说那个人有点"傻"。对陌生人，如果在心存怜悯之时，不让善良任意放纵，女人的善良就不易被坏人利用。

来自心灵的美丽，才富有长久的生命力

这个世界上有很多种美，女人不但是美丽的代言人，更是美丽的使

者，而且穷尽一生都在追求美丽的道路上前进。女人就是美丽的代言，她们的本能就是追求美丽，每当看到美丽的鲜花，她们会情不自禁地惊叹；每当看到漂亮的衣服，她们更是不忍挪开自己的眼睛；甚至看到美丽的同性，她们也会情不自禁地感慨。然而，大多数女人都在追求表面上的美丽，殊不知，真正的美丽更富有长久的生命力，而且是由内而外散发出来的。发自内心的美丽，甚至会得到幸福的青睐，也得到好运的偏爱。

现代社会，很多女人都投身于职场，恨不得在职场上出人头地，拥有更高的职位，赚取更多的金钱。然而，时光飞逝，青春不再，女人的青春是很短暂的，尤其是鲜活而又生动的青春岁月，更是会在不知不觉间悄悄溜走。没有任何女人能够真正保持不老童颜，就像武侠小说中的天山童姥一样骗过那么多人。哪怕是不老女神赵雅芝，在时光的流逝中也渐渐青春不再，但是发自内心的从容优雅，却使得她美丽如故。所以对于女性朋友而言，最重要的不是靠整容或者美容的方式让自己的面貌变得美丽，而是要更加关注和修养自己的心灵，让自己焕发出由内而外的美。唯有如此，女人才能更加淡定从容，也才能历经岁月的磨砺洗去铅华而愈加厚重。

有一天，上帝来到森林里，召集所有的动物开会。上帝告诉动物们："大家都认真听好，今天我要给大家一个机会，假如你们之中有人对自己的身形相貌感到不满意，我都可以帮助你们满足心愿，让你们感到满意。但是，你们记住，每个人都只有一次机会，所以你们必须认真想好再告诉我，否则如果你们后悔了，我可是概不负责。"当时，猴子站在开会队伍的最前列，因而距离上帝最近。所以，上帝话音刚落，就把目光投向猴子，示意猴子第一个发言。

猴子毫不推辞和客气，马上开始滔滔不绝："我身体灵活，智力超群，因而我很满意自己的长相。但是我觉得如果可以的话，您可以把笨重的狗熊变得灵巧一些，因为他现在真的太迟钝了。"听完猴子的话，狗熊有些害羞地挠挠自己的脑袋，说："虽然我有些笨重，但是我对自己还是很满意的，因为这恰恰说明我吃得好睡得好，生活无忧无虑。我建议您可以给大象改变一下，毕竟大象的鼻子太长了，尾巴却又特别短，耳朵还和蒲扇一样大大的，整个看起来根本不协调嘛！"大象也不乐意了，说："我对自己很满意，你们只看到我的不协调，却没有看到海里的鲸鱼整个身体圆溜溜的，更难看。"就这样，上帝耐心地听着动物们发言，最终却发现没有任何动物对自己的长相不满意，相反，他们都觉得其他动物的长相不那么完美，因而都主动把这个机会让给其他动物。

虽然这只是一个寓言故事，但是从中不难看出，金无足赤，人无完人，虽然每个动物都有缺点，但是他们在自己的心目中都是完美的。其实，这个世界上根本没有所谓的完美，遗憾的是很多女性朋友都在不遗余力地追求完美。随着韩剧的热播，很多女人也开始接受韩国人普遍整形美容的观点，甚至有些女人哪怕财力紧张，也四处兜兜转转借遍了亲戚朋友的钱，只为了让自己变得更美丽。然而，在她们整好鼻子之后，又发现自己的嘴巴太大了，在整好眼睛之后，又觉得对发际线不满意。总而言之，人很难十全十美，更无法让吹毛求疵的自己满意，最终居然有些女人接二连三整容几十次。还有的女人丰胸隆鼻，使用各种劣质的

材料，最终导致材料渗透到身体中，根本无法清除出去。不知道这是女人的悲哀，还是整个时代审美的悲哀。

古人云：身体发肤，受之父母。作为子女，是不能在不经过父母同意的情况下，就对自己的身体动刀子的。一个人长成什么样子都是天生的、自然的，这远远比采取强制改变以及伤害身体的手段美容来得更健康，更天然，也更符合生命的规律。

幸福的女人都能坦然面对自己的身材长相，因为她们知道和外表的美相比，内心的美更重要。她们坚守自己心灵的美丽和善，让自己的生活变得非常美好，这让每一个人都对她们羡慕不已。要知道，幸福总是青睐在美丽的心灵中寄居。当然，我们也并非说女人不能追求外表的美丽，而是告诉所有的女性朋友们，由内而外散发出来的美才是真正的美，才值得我们珍惜和推崇。

第04章

爱人之前，先学会爱自己

在作家亦舒的小说中的女主角，她们无论经历什么样的困境灾难，什么样的意外，永远一脸轻松，事业、生活、友谊、爱情、生命每一样都安排得井井有条，因为她们永远都最爱自己，精心照料自己的生活，即使偶尔落魄，也绝对不会浑浑噩噩堕落地生活。女人就应该这样，无论有没有人爱，首先都要爱自己，只有自己不混混沌沌，未来才会更好，才会充满希望。

过分注重别人的目光，只会失去自我

卡耐基说："你见过一匹马闷闷不乐吗？见过一只鸟儿忧郁不堪吗？之所以马和鸟儿不会郁闷，是因为它们没那么在乎别的马、别的鸟儿的看法。"在生活中，许多人太在意别人的目光而失去了自我，这简直是得不偿失。当然，我们作为社会人，生活在各种各样的关系中，完全不在意别人的目光那是不可能的。事实上，我们对自己的评价，很多时候是需要借助别人对我们的看法而作出的。

因此，对于别人的目光，我们需要考虑，但并不是过分地注重，否则，你就会感觉到自己活得很累。你总是在想别人是怎么看待自己的，你总是通过别人的目光来修正自己，到最后，你会完全失去自我，从而变成一个别人目光中的自己，更为严重的是，你将变得闷闷不乐、忧虑不堪，你将完全失去心灵应有的轻松与快乐。

在很多时候，我们会特别羡慕那种所谓的"好人缘"，似乎每个人都能与他聊到一块去，他说的每一句话，所做的每一件事，都是以大家的目光为标准。在公司，上司说这个方案不行，他一句话不说，马上改成了上司喜欢的方案；挑剔的同事说，你今天的打扮好像不太和谐，第二天，他就真的换了一套符合同事眼光的服饰；在家里，爸妈说，你新交的男朋友没有固定的工作，她就真的决定与男友分手，重新找了一个能让父母觉得满意的男朋友。在这个过程中我们都会发现，自己不过是因为太在意别人的目光而讨好身边的人而已，我们已经逐渐失去了自我。

小燕是一名歌手，以前，她也有过抱怨的时候，每次上节目，她都会抱怨："自己太辛苦，实在受不了压力太大的生活，有时候，太在意别人的目光，我需要讨好歌迷、媒体，我一年发行两张专辑，但是，自己又想把工作做得更好，这样的工作量简直令我崩溃。"以前的工作时间安排得很紧，白天上通告做宣传，晚上还要去录音棚完成下一张专辑的录制，这样的生活超出了小燕可以承受的范围。她感觉到每天都很累，但心中的怨气又无处诉说。最后，在内心快要崩溃的时候，她选择了退出歌坛。

在四年的休息时间里，小燕做自己喜欢的事情，她说："以前大家都是看我怎么变化，而我因为这样会很在意大家是怎么看我的。现在我是用自己的脚步来看大家的改变。虽然，现在我年纪大了，似乎变得老了一些，但是，年龄并不是我能掩盖的东西，我也想永远年轻，但是，却懂得这就是时间给我的礼物。在我成长的过程中，我得到的最大的一份礼物是不用再费劲去证明大家是怎么看我的，而是只需要做自己喜欢的事情，跟着自己的步伐，在以后的时间里，如果我能完全坚持自己的选择，那就是最好的生活。"或许，年龄对于小燕来说，似乎变得大了一些，但是，这样一个年龄，正是一个不需要讨好任何人的时候。

最近，小燕复出了，在工作上，她已经与唱片公司达成了一致意

见，不需要拿任何事情炒作新闻，同时，不需要为了赢得名气而故意报唱片的数字，自己可以自由自在地唱歌，这恰恰是小燕最喜欢的一种状态。

小燕告诉所有的媒体："我不需要讨好所有的人，我不需要在意别人的目光，我只需要做自己喜欢的事情。"然而，就是这样一句话，令所有的媒体工作者既羡慕又嫉妒，因为，对于媒体工作者，他们的工作无时无刻不是在在意别人的目光，在讨好所有的人，从而将自己的委屈和自尊放弃。每天，都有许多人为了人际交往，为在意别人的看法而活，他们在这样的过程中感到很累，甚至感觉到心力透支。

在生活中，不管是一个什么样的人，不管这个人做不做事，是少做事还是多做事，做的是什么事，他都会招来别人的看法和评价。而对于那些目光和议论，有的人会把它作为自己行动的标准，他们很在意别人是怎么看待自己的。结果导致的是，他们在做事情时畏首畏尾，把自己搞得很紧张，好像自己在为别人而活似的。

其实，女人根本没有必要这样，因为我们既不是演员，又不是在表演，我们的目的就是要做好自己的事情，又何必那么在意别人的目光呢？

女人自爱，才会被爱

王尔德说过："爱自己是一场终身恋爱的开始。"作为一个女人，你只有好好地爱自己，才能更好地去爱别人，才能更好地获得爱。懂得自爱的女人，你的人生风景才会丰富，才会温暖，才有春华秋实，才有感动，才会拥有被爱。一个不爱自己的女人，生活回馈给她的，将会是一座冰冷的孤岛，围困着一无所有的自己。一个连自己都不懂得爱的人，凭什么去指望别人的爱惜呢？一个懂得爱的女人，即使在面对伤害，也能为自己点燃明亮的火柴；即使失去了，也会重新鼓起勇气，勇敢地站起来。

在远古之初，就有了亚当与夏娃的传说，上帝创造了亚当，后来怕亚当孤独，又从亚当身上抽下了一根肋骨变成女人夏娃，来陪伴亚当。这样看来，因为女人是由男人的肋骨蜕变而成的，所以，在很多时候，女人经常会不由自主地把自己当成了男人的附属品。有的女人甚至觉得自己离开男人之后便没有了价值，只有在男人身上才有了自己的位置。特别是一些婚后的女人，总想着自己与男人成为了一体，君笑亦笑，君哭亦哭，完全失去了自我。

殊不知，因为这样过度的爱反而使自己失去了男人的爱，女人对此感到不解，难道爱一个人也有错误吗？其实，这样的道理很简单，女人连自己都不爱了，那又怎么去获得男人的尊重与爱呢。所以，这样不爱自己的女人最后不仅仅是失去了男人的爱，其实连同她自己也一起失去了，这不得不说是一种悲哀。

女人到了一定的年龄，漂亮就会从指缝中流失，但自爱的女人却拥有相当的底蕴和美丽，那就是来自内心的那份从容、自信，由内而外自然地散发出来，这样的美丽是容颜无法带来的惊叹。自爱的女人是美丽的，她们懂得如何打扮自己，这样的打扮并不仅仅是外表，而是由外表到内心，进退自如、举手投足之间，都彰显着优雅、热情与智慧。

　　自爱的女人是独立的，无论从经济到心理，她们都是独自担当着，只有独立的女人才会不断进取、不甘沉寂，只有独立的女人才会把智慧当资本，而不会依靠自己的容貌与青春去保值。自爱是女人最高贵的资本，懂得自爱的女人会把自己打理得风姿绰约，懂得自爱的女人拥有那份难得的洒脱，懂得自爱的女人总是一个人品尝着生活的酸甜苦辣。但是，她永远不会感到寂寞，因为她拥有那份健康美丽的心态。

　　做一个自爱的女人吧，即便是一杯苦咖啡也能喝出情调，即便是一次傍晚散步也能踏出诗情画意。自爱的女人，她把每一次恋情都演绎至纯净，把每一件衣服都穿出品味，把每一款饰品都戴出光彩与尊贵。

　　自爱的女人，她同样诠释着女人的不同角色，而且堪称完美演绎，她会是一个好女儿、好妻子、好母亲，是姐妹的知心，是异性的知己。做一个自爱的女人，这样的恋爱是一辈子的，而且每一次都像初恋般令人如痴如醉。

女人，请珍视你的健康

　　健康是人生最重要的财富，有健康才会有事业，人们常说有健康才有将来。健康，赋予生命无穷活力，创造生活无限精彩。将来，给了我们无穷的梦想，创造现实无数神话。一个女人最大的财富就是她的健康和精力，这是无论用多少钱都买不来的。

　　努力工作的态度本无可厚非，而且值得称赞，但在繁忙工作之余，

却忽视自身身体的健康，这给自己的将来埋下巨大的隐患。有调查表明，在白领人群中，有近20%的人几乎不做任何形式的体育锻炼；半数的精英白领说没有时间或者工作太累而不想锻炼；还有40%的精英白领则说不愿意将时间浪费在锻炼上，因为有重要的事情要做。而在有疾病的精英白领中，35%不愿去看医生，而且精英白领们在医生面前谎报病情的情况颇为严重。

这就是生活在重压下的白领们的身体状况。身体就像是一部机器，越用越灵活，越健康。长期不从事体育锻炼，不仅体形存在发福的危险，而且身体的内在质量也会如决口的河堤一样越来越糟糕。

女人，看看自己的工作和生活，你是不是在拼命的过程中，也在以身体为代价而换取看似更多的金钱呢？试想，没有了健康，你还能拥有什么。健康不以财富地位的不同而有所变化，不管你有多大的成就，多少的财富，如果你没有遵循健康规律，健康都会离你而去。

年轻的时候用健康换钱，等到老了的时候再用钱换健康。有的年轻女人，创业时只知道工作，并不注意休息，更别提健康投资了。但在生病期间，发现苦心经营的企业，业务拓展受到很大影响，失去了不少赚钱的商机。"没有好的身体，也失去了日后取得更多财产的机会。所以注意健康很重要。"这恐怕就是这些人发自肺腑的感受。

王娅是一个头脑聪明、敢于吃苦的人，在社会上打拼了几年之后，她决定自己创业，很快就拥有了自己的公司，并且很快就发展壮大起来。身为公司董事长的她成为了亿万富翁，资产达到两亿元，而且她的年龄还未到40岁，正当她家庭事业一帆风顺的时候，却因病住进了医院。

原来，在她创业的时候，她曾经没日没夜的工作，这种对自己身体的极度透支，埋下了健康的隐患。经过专家会诊，她必须动大手术，但是手术效果如何，院方也不敢保证。他们所敢保证的是，如果不做手术，她只有半年的时间可活。当这位病人声称愿意用自己所有的财富来换取健康的时候，已经晚了，因为健康是无价的，也是到任何地方都无法换取的！

其实，身体的健康程度直接影响着你的工作质量。长期处于亚健康状态的人，精神状态越来越差，每天都处疲乏的状态，昏昏沉沉，本来一个小时就能解决的事情，最后拖了三个小时仍不见成果，最后只得搭进更多的时间，加班、熬夜，第二天更没有精神。这样的恶性循环不仅仅让你的工作焦头烂额，而且也在透支着你的身体本钱。

身体健康会给你的事业这项大工程添砖加瓦，同时心理健康也是你不容忽视的一个问题。两种健康就像是一对好兄弟，一荣俱荣一损俱损。

女人，请爱惜自己的身体。健康是自然给予我们最公平、最珍贵的礼物，良好的健康状况和随之而来的愉快情绪是保证人生幸福的最好保障。失去了健康，你所拥有的一切都不过是水中月、镜中花，终会随风而逝。

宁缺毋滥，女人别因年龄而放低自己

不知道从什么时候开始，婚恋交友这件原本羞涩而私密的事情，如今变得越来越公开和高调，但是，表面的骚动并没有让更多的人找到合适的交往对象。对于剩女而言，她们通常会保持两个阵营：一是因觉得自己年龄大了，不如放低择偶条件；还有一个阵营就是即便自己是"剩"下来的，但还是不会放低自己的择偶条件。前些年，在剩女们嘴里流行这样一句话："宁缺毋滥。"意思是，宁愿顶着剩女的名号，也不愿意随随便便就找个男人嫁了，这样的婚恋观一直被剩女们坚持着。即便是剩女，也需要站得高一点，而不是随便找个爱人，凑合过日子。

一些剩女内心有种恐慌，一旦自己过了25岁，就好像真的被剩下来一样，她觉得自己择偶范围一下子变得狭窄了，有人介绍的就是接近三十岁左右的异性，如果自己年龄再大一点，是不是就给自己介绍离婚男呢？貌似自己真的到了没人要的地步，在这样的恐慌中，她们竟像到菜市场买菜一般，不挑选，随便就找了男人凑合过日子。这样的女人就是将自己放低了，从而局限了自己，而这样随意寻找的对象组成一个家庭，是很难幸福的。

小慧有一段长达五年的感情经历，这其中曲曲折折，最后两人还是走到了分手的地步。可是，等小慧结束这段感情之后，她已经28了，与身边同龄女性的生活比较，她已经是大龄剩女了。

父母催得很急，朋友经常询问自己的感情状况，这让小慧自己也承受了很大的压力，好像成为剩女是犯了多大的错误一样。同时，她觉得自己已经28了，又经历了那么长的一段感情，自然觉得有些自卑。有朋友介绍年龄相近的，小慧都是婉言谢绝，她害怕别人不接受自己。这样拖了一年，小慧已经快接近三十了，这时她才着急了起来。

自己不可能这样单身一辈子，总要结婚，不如早点找个人结了吧。然而，对她而言，结婚也是不容易的，因为她发现到自己这样的年龄，竟有不少人给自己介绍的是离婚男人，有的还带有孩子，那表示自己贬值了吗？小慧慌了，她觉得自己如果再拖下去，那肯定会越来越没有价值了。于是，在一次相亲之后，小慧就匆匆忙忙地与对方举办了婚礼，顺利将自己嫁了出去。

谁知，结婚不到一年，两人感情就出现了问题。由于婚前的感情基础很薄弱，两人经常会出现争执，吵架了就会说离婚。小慧疲惫了，结果结婚了九个月就办了离婚手续，现在的小慧还是单身，她吸取了闪婚的教训，决定不再随便将自己的幸福交出去，而是需要慎重对待，也不会再局限自己。

目前，中国适婚未婚的单身人群有1.6亿人，被婚恋困扰人群达2.8亿。调查显示，剩男大多相对经济窘迫，剩女多为高智商、高学历、高收入的"白骨精"，在经历过刚被叫"剩女"时的急躁和担忧之后，现在有许多大龄剩女却有一种前所未有的坦然。

一位30岁的高级白领说："我未来的丈夫要有梁朝伟的外貌加蔡康永的口才，要能够顾及到削苹果、剥虾壳这类小事来照顾我，不一定要有肌肉，但要爱运动，要有学问，最好对某种东西有深度的研究以便让我产生持久的崇拜感。另外，我认为好男人还要适当有点坏。"尽管她还没遇到这样的男性，但她没打算放低自己的择偶标准。因为站得比较高，因此她们并没有局限自己，从而降低自己的择偶标准。如今的剩女更加注重婚姻质量以及在家庭中的地位，她们之所以有能力徘徊在婚姻

的围城之外，这与她们摆脱了对男性的经济依附并由此产生的婚姻需求有着极为密切的关系。

不管你是因为什么原因剩下来的，都不要怀疑自己的价值和魅力，不要因为年纪大了就随便找个男人嫁了，不要因为自己过去经历不堪就怕别人看不起自己。

即便自己被列入了剩女这个行列，也需要坚持宁缺毋滥，不要委屈自己，毕竟结婚是一辈子的事情，遇人不淑那就输了一辈子。对待择偶，需要慎之又慎，站高一点，不要局限了自己。

自信的女人到哪里都是一道风景

一个人如果不尊重自己，那么他必然无法得到他人的尊重。因为一个自轻自贱的人，也根本不配得到他人的尊重。很多女人都妄自菲薄，总是觉得自己作为女人，在生理上占据弱势，所以就自甘落后。虽然我们不推崇女人要把自己当成男人，非要强迫自己表现得强悍，但是女人一定不能成为攀援的凌霄花，而是要以树的形象和男人比肩而立，平起平坐。

从大学毕业到三十多岁的年纪，正是女人一生之中的大好时光。这个时期的女人有了一定的知识储备，而且青春正好，容颜也非常美丽，明智的女人会在此期间努力充实提升自我，让自己获得人生的资本。与这些女人恰恰相反，有些女人却显得非常自卑，她们总觉得自己能力不

足，资质平平，因而对于自己始终心怀质疑。别说别人不愿意相信她们了，她们自己也妄自菲薄，根本无法昂首挺胸在人生的大道上阔步向前。

其实，很多女人自卑的理由非常幼稚可笑。诸如，有的年轻女孩因为自己身高太矮感到自卑，有的女孩因为自己皮肤黝黑，觉得低人一等，有的女孩因为自己不够漂亮，甚至抱怨父母没有把自己生得很好，还有的女孩抱怨自己的父母不是有权有势的人，导致她们的起跑线低了很多。这样的抱怨是多么无厘头啊，她们非但不感恩父母，反而对父母心怀怨恨，她们不但无法做到悦纳自己，反而还会因为自己的小小缺点而对自己感到不满意。怀有这样心态的女人，如何能够做到感恩地对待这个世界，珍惜地对待自己呢？每一个女人首先要做的，就是不看轻自己，从而才能做到坦然面对生活，迎接生活的各种馈赠。

从心理学的角度而言，自卑是一种非常压抑的自我评价，而且自卑的人在自我意识里也总是对自己感到不满意。要想改变自卑的状态，我们首先要尽量客观公正地评价自己。大多数女人都奢望自己得到全世界所有的爱与尊重，但是却对自己百般不满意，不得不说，这样的奢望真的是奢望，是根本没有可能实现的。女人必须首先自尊自爱，才能如愿以偿地赢得他人的尊重和喜爱，这是亘古不变的真理。如果一个女人一边对自己不满意，一边去讨好和取悦他人，那么这样的女人只会陷入更加深沉的悲哀。

很多人都喜欢的充满才情的台湾作家三毛，就是一个非常自卑的人。不过她的自卑是有原因的，即她读初二的时候，因为数学成绩很差，被老师羞辱，导致她从此开始逃学，最终还不得不休学。甚至家里人在吃饭的时候说起关于学校的事情，三毛也是连"学校"二字都不能听到，最终患上了严重的自闭症。从此之后的一生时间里，三毛都固执、敏感、偏执，这严重导致她的一生充满悲苦。除了和荷西幸福相伴的日子，三毛总是沉浸在无法自拔的苦痛之中。因而不管是父母还是老师，在教育孩子的时候，都要注意保持孩子的自尊心和自信心，这样才能呵护孩子娇嫩而又脆弱的心灵，从而使孩子得以健康成长。

自卑是人生进步的巨大障碍。1951年，英国人富兰克林发现了DNA的螺旋结构，后来也针对自己的发现进行了公开演说。但就是因为自卑，富兰克林最终没有成功推广自己的假说，而总是怀疑自己的假说根本是错误的，最终颓然放弃了自己的假说。时隔两年，科学家克里克和沃森，提出了DNA双螺旋结构的假说，从而带领全世界进入生物时代。为此，在1962年，他们双双获得诺贝尔医学奖。这可是至高无上的荣誉，更是对他们巨大发现的奖励。而富兰克林与这项特殊荣誉之间，只差了一个小小的坚持。由此可见，很多时候我们唯有坚持，才能成功迈出关键的一步，从而取得人生的伟大进步。虽然我们都是普通的女人，也许终生都无法获得诺贝尔奖，但是我们的诺贝尔奖却在我们自己的心中，只要我们坚持自己，自尊自爱，我们最终就能够挣脱自己的束缚，飞向更加辽阔高远的天空。

自卑是一种对人生极其不利的心理状态，大多数情况下，自卑的人如同披着充满水的海绵负重前行，而且浑身都湿漉漉的，狼狈不堪。很多自卑的人都有自闭的倾向，做事情也缺乏信心，总是自我否定。这一

切迹象都表明，大多数自卑的人都在人生的路上走下坡路，而只有改变自卑的心态，人生才能昂首向前。

女性朋友们，都让我们自信起来吧，驱散自卑，我们的人生就会晴空万里，再也没有阴云遮蔽，也会多了几许阳光灿烂！

女人为爱付出，也要留有自己

水如果过于清澈，鱼就无法生存，婚姻也是如此。这个世界上绝没有十全十美的婚姻，如果说人的成长是在不断犯错的过程中实现的，那么婚姻的成长则体现在一次又一次的磨合之中。很多女人都觉得既然成为夫妻，男人和女人之间就应该好得如同一个人一样，彼此坦诚相见，毫无保留。殊不知，婚姻永远不会如同我们所期望的那样顺遂如意，哪怕作为夫妻，也应该彼此保留自己的私人空间，这样才能拥有能够产生美的距离，也才能够让我们在为对方无私付出的同时，依然还留有自己。

在婚姻生活中，很多女人都会犯同一个错误，那就是毫无保留地付出，恨不得献出自己的一切。殊不知，人际关系是非常复杂的，人的心理更是微妙而又难以捉摸的。很多时候，人们对于轻易得来的东西总是不珍惜。而夫妻关系，同样是人际关系的一种，如果女人对于婚姻和男人的付出太过毫无保留，那么就无法得到男人的珍惜和重视，更无法得到男人更深切的爱。作为明智的女人，即使深爱着一个男人，也应该在爱的过程中有所保留，这样才能以自尊自重，赢得男人的爱和尊重。

还有些女人不管有什么事情都会毫无保留地告诉男人，实际上这种做法很不负责任，尤其是在遭遇坎坷逆境时，如果女人一股脑地把自己的所有压力都转嫁到男人身上，那么男人未免会觉得压力山大，甚至会感到不堪重负。也许有些女性朋友会说：夫妻之间不就是要坦诚相见吗？刻意隐瞒的夫妻关系，有什么意思呢？的确，夫妻之间需要坦诚相见，真诚对待彼此，但这并不意味着要毫无保留。很多时候，我们与他人分享快乐，一份快乐会变成双份的快乐。但是如果我们与他人分担痛苦，那么一份痛苦就会变成双份的痛苦。当然，这也并非是说夫妻之间遇到困境时要彼此隐瞒，而是说在没有必要的情况下或者在自己能够解决的情况下，作为女人，与其把一些痛苦和担忧都转嫁给男人，不如默默承受。

还有些女人本着坦诚的原则，把自己的过往全盘告诉丈夫。殊不知，爱情就像是人的眼睛，很多时候是容不得沙子的。谁能没有过去呢？如非必要，女人完全无需把自己的过往一股脑地和盘托出。毕竟，男人不是神仙，哪怕他们的胸襟再开阔，有些事情也会在他们的心底里留下无法愈合的伤害。人们常说善意的谎言。实际上，把不该说的话烂在肚子里，这不是善意的谎言，而是善意的隐瞒，目的是让夫妻关系更好地、更健康地发展。

实际上，婚姻关系中，健康的夫妻关系应该是如同两个相互交叉的圆圈，既有交叉的共有部分，也有各自独立的部分。这样一来，夫妻才能在婚姻中找到共同的生活，也才能各自有所保留，从而对对方形成吸

引力，也给予自己自由呼吸的空间。任何时候，都不要把婚姻变成两个完全重叠的圆，否则夫妻两人完全一模一样，还有什么新鲜感可言呢！这也会减短婚姻的保鲜期，导致夫妻双方更快地彼此厌倦。

女人在婚姻中保留自我，不但要保留自己的独特个性和经济能力，而且还要有属于自己的好友。毕竟婚姻和爱情不可能是我们生活的全部，很多时候我们需要从婚姻的围城里走出来，接触围城外面的广阔天地。而有自己的朋友圈，有自己的兴趣爱好，让我们哪怕在婚姻的围城中，也依然能够享受到自由自在的乐趣。

女人爱自己，才会爱别人

卢梭曾说："人一生可以说共诞生过两次；第一次是为生命而诞生，第二次则是为生活而诞生。正因为人诞生两次，所以人的自尊自爱也就发生两次：第一次的自尊自爱是相对于自然生命的，而第二次的自尊自爱则是相对于人的社会生命。如果你生命中的第一次自尊自爱没有发生的话，那么第二次自尊自爱也就无从说起了。只有第一次自尊自爱的人是不可能放出人性的光辉的。人诞生两次才能算是一个完整意义上的人，而自尊自爱也只有发生两次才能发展成为一个真正统一的、完美的人生。"每个人都希望得到别人的尊重和爱，确实，只有从别人的身上体会到了尊重和爱，这样的人生才有意义，才是快乐的。不过，许多女士在追求这种尊重和爱的时候往往忽略了一个十分重要的前提，那就是爱自己。

自爱，就是爱自己，对自己好一点，从而将自己的生活变得美好、精彩，过着有品质和有品位的生活。女性朋友千万不要因为受到一点点伤害就自暴自弃，不要为了得到某些东西而妥协，不要因为别人的不爱而放弃对自己的爱。女士们，只有懂得了自爱，才能真正懂得如何去爱别人。

女性朋友需要有一种平等的心态，这种平等意味着两性之间在地位上、感情上没有高低贵贱之分，而平等的来源就是自尊。假如为了得到某些东西，哪怕是爱，而放弃自己最起码的做人尊严的话，那么你的人格也就荡然无存了。这样一来，你不仅得不到对方的认可或尊重，反而会成为对方眼中一个毫无尊严、卑躬屈膝的人。更可怕的是，这样的人格尊严一旦丧失，就再也不可能找回来了。

当然，自尊自爱并不等于傲慢无礼、目空一切，所谓的自尊和自爱指的是既要尊重和爱自己，也要尊重和爱别人。自尊自爱的目的是不让自己受太大的委屈，也不让自己放弃做人的尊严。想要让你的生命有意义，想要做一个优雅的女士，那就必须首先学会自尊自爱。

第05章
放下执念，别强求不属于自己的东西

生活中，不少女人很容易陷入一种纠结的状态，无论是工作，还是感情或者其他事情。然而，"执着太甚，便成魔障"，一个人的执念、纠缠往往给自己带来痛苦，也给周围的人带来不便，陷于某种情绪不能自拔，最后的结果往往就是把自己的生活弄得一团糟。女人，你要明白，凡事只有看得开，不过于执着，拿得起，放得下，当断则断，才能够洒脱自如。

尽力而为，别给自己太大压力

生活中，从来不缺乏各种各样的压力：生存的压力、工作的压力、金钱的压力、心理的压力，等等。在这个被压力压得喘不过气来的社会，我们该如何缓解内在的压力呢？太过负重的压力对我们的情绪是有着重要影响的，一旦压力来袭，情绪就会变得很恶劣，容易生气、烦躁，似乎看什么都不顺眼，内心的情绪积压过久，总想痛快地发泄一通。所以，别给自己太大压力。

在现代社会，几乎每一个人都有压力，其实，适当的压力对我们自身是十分有用的。一个人的潜力究竟有多大呢，我想大多数人都不清楚，对此，科学家指出：人的能力有90％以上处于休眠状态，没有开发出来。是的，如果一个人没有动力，没有磨炼，没有正确的选择，那么，积聚在他们身上的潜能就不能被激发出来，而压力会给他们这样的动力。

这些天，小王正在学习弹琴，由于基本功不太扎实，他练起琴来很费力，尽管自己付出了许多辛勤的汗水，可是，就是不见效果。但是，他心里又极度渴望自己在琴技方面能够有所突破，于是，他每天强迫自己练琴四个小时。

这样，时间长了，他变得时常焦虑，心理上把练琴当成了一种压力，他常常烦躁地问老师："我是不是练不好了""我还能行吗""怎么这么练都不见效果，我干脆还是不练习了吧""难道我就这么放弃了吗"。老师听了，只是微微一笑："你不要自己到处惹气生，放松自己，缓解心中的压力，卸下负担，将压力变成动力，这样，心情好了，琴艺自然会有所进步。"过了不久，小王的琴艺真的进步了，而之前弥漫在脸上的阴霾已经消失得无影无踪。

人一生中都会面临两种选择，一是改变环境去适应自己，二是改变自己去适应环境。既然压力是已经存在的，根本无法彻底消除的，那我们何不积极地改变自己，正确引导各种压力成为自己前进的动力呢？

当压力成为了自己前进的动力，那生活将会变得异常美好。其实生活中是需要压力的，当我们感觉不到压力的时候，你会发现充斥在生活中的都是无聊、烦闷的气息。

但是，一旦生活有了某种压力，在压力的打压下，不自觉地将这种压力当成动力，那我们做什么事情都是精神十足，因为压力驱使着我们将事情做得更完美。

如果我们将任何事情都当成了一种负担，并在压力的重压下生活，那我们会整日生活在压力、痛苦、烦躁和苦闷之中。

一个人若是背着负担走路，那再平坦的路也会让他感到身心疲惫，最后他会因为不堪生活的压力而走向不归路。当重重压力袭来的时候，不妨巧将压力变成动力，如此让自己如释重负，而且还能将事情做得更好。

取舍之间，明智女人懂得审时度势

在电影《卧虎藏龙》中，有句台词非常经典且有道理——当你紧握双手，里面一无所有；当你打开双手，你拥有了全世界。很多东西就像流沙，我们越是紧紧握住，它们越是容易从指缝间溜走。而当我们勇敢地舍弃，我们反而出乎意料地得到了更多。

在巴勒斯坦，有两片著名的海。一片海是加里黎海，这片海从本质上而言是一片湖泊，因为它的水很甘甜，不管是牲畜，还是人，都很喜欢饮用这片海里的水。而且海里有着丰富的海产品，各种鱼儿在里面自由地游弋。另一片海就是闻名于世的死海，大家都知道，死海的咸度很大，含盐分很多，甚至人都可以躺在海平面上读书，而不会沉入海底。不过，虽然死海淹不死人，但是死海里的水却能齁死人。死海里的水无法饮用，而且对人体健康有害，所以死海里非但没有鱼类，甚至连海草都无法生存。为此，死海看起来死气沉沉，而且周围也寸草不生，毫无生机。让人大跌眼镜的是，这两个截然不同的海都发源于约旦河。为何源自于同一条河的海水却截然不同呢，实际上，是因为这两片海有着不同的"态度"。原来，加里黎海在接受约旦河水之后，并没有强留约旦河水，而是让约旦河水再从它的底部流走。这样一来，约旦河水的咸度不断稀释，当然味道甘甜。与加里黎海完全相反，死海只会得到，却从不舍弃，它在约旦河水流入之后，就把约旦河水据为己有，从不外流，最终导致自己越来越咸，成为了名副其实的死海。

人生也恰恰如同一片海，作为女人，我们对人生采取怎样的态度，人生也就会呈现出不同的味道。记住，任何时候我们都不可能把所有好的东西都占为己有，而随着年龄的不断增长，当我们心智渐渐成熟之后，我们应该学会舍弃，唯有如此，我们才能得到更多。生活不是任何人的私有品，面对生活，我们也应该如同大海一样海纳百川，与此同时还要和加里黎海一样不断地付出和舍弃，才能始终保持生活最甘甜的味道。

抓不住的爱，不如笑着放手

爱情，是造物主赐予人类最美好的感情。在爱情面前，哪怕是最卑微的人也会怦然心动，在爱情的鼓励下，他们甚至会忘记自身的缺点和不足，从而鼓起勇气，勇敢追求真爱。然而，爱情又绝非是努力就能得到的。众所周知，爱情需要缘分的指引。最美好的爱情就是有缘也有分，而有缘无分的爱情只会使人感到遗憾，没有分又没有缘的根本不叫爱情，或者可以叫搭伴过日子，也或者可以叫合作伙伴，总而言之叫爱情就是有些牵强的。

有人说，爱情如同流沙，越是将其牢牢地握紧在手掌心，越是容易导致沙粒悄悄地从指缝间溜走，再也不见踪迹。也有人说，爱情如同知己一样是可遇而不可求的，只有在对的时间遇到对的人才能成就爱情，否则就是孽缘。当然，现代社会婚恋观点已经开放，人们更加勇敢地追求爱情，所以爱情享有更多的自由，也变得更加唾手可得。在这种情况

下，每一个女人都想牢牢抓住爱情，从而使自己的人生变得更加绚烂多彩，也因为爱情的滋润飞上云巅。

在繁忙的大都市，每到华灯初上的时刻，每个夜路人的心中，都装满了温情。看着闪烁的霓虹灯，他们也许不止一次扪心自问：何时才能拥有属于自己的爱情，让心灵找到属于自己的归宿呢？的确，每个人的人生都有自己的剧本，而我们的爱情恰恰因为不同剧本的演绎，变得有了更绚烂的色彩和更使人意乱神迷的味道。

遗憾的是，爱情虽然如同烟花般绚烂，却也如同烟花一般容易消失。哪怕我们再怎么努力，也无法让烟花成为天空中亘古不变的风景，爱情同样如此。那么，当爱情如同流沙般悄然流逝，依然沉迷于爱情中的女人们，如何才能最大限度圆满自己的内心，让自己更加从容不迫呢？前文说过，女人最美好的姿态是从容优雅，遗憾的是很多女人在爱情将逝的时候非但不再从容优雅，反而变得歇斯底里。

当爱情转身，如果我们还不想让自己变得太难堪，就要告诉自己微笑着放手。如果说这个世界上很多的东西都是有形有价的，那么爱情是世界上为数不多的无形且无价的珍宝之一。常言道，强扭的瓜不甜，对于爱情，我们同样无法强求。爱情就是如此神奇，当两个人相爱的时候，恨不得变成两个泥娃娃打碎了重新再捏起来，变得你中有我，我中有你。而当爱情转瞬之间不复存在，很多曾经的爱人都因为爱情的消失而反目成仇。尤其是当爱人之中有一方已经不爱了，甚至已经移情别恋了，而另一方还依然深爱着对方，丝毫没有感知到爱情的变化时，这种疼痛和憎恨更加彻骨。然而，我们并不能因此就放弃自己做人的底线和原则，甚至像一个乞丐一样奢求爱情，乞求爱情。

女性朋友们，我们一定要相信，当我们给予他人岁月静好，未来命运一定会回馈给我们一个更美好的爱人，赐予我们更加长久的幸福和深爱。否则，歇斯底里的我们伤害的不仅仅是他人，也是我们自己，更是我们生命的尊严。很多事情，并非努力了就能挽回，也并非因为我们强烈的渴盼和愿望就能实现。最重要的在于，我们要心怀美好的渴盼，尽力而为，量力而行，当事情的结果无法让我们得偿所愿时，我们还要微笑着放手，从容迎接自己的新生活。生命如同书本，是可以翻篇的，只要我们的心愿意放过自己，我们就能成功走向人生新的一页。对于女性朋友们而言，在遭遇爱情的背叛时，微笑是一种大智慧，放手更是一种从容的姿态和更深刻宽容的爱。要相信，当我们学会放手，幸福一定会在人生的前方等着我们。

活在当下，不必为明天担忧

每个人的人生都只有三天，那就是昨天、今天和明天。毋庸置疑，昨天哪怕才刚刚过去，也已经成为不可改变的历史，所以不管我们对于昨天是满意还是不满，我们都无法改变什么，只能任由昨天成为我们回忆中不可更改的过去。明天哪怕很快就要到来，也依然与我们的现状没有任何关系。所以我们每一个人在生命中真正能够把握的，其实只有今天。很多人都觉得今天无关紧要，或者回忆往昔，或者向往未来，实际

上唯有活好每一个今天，我们才有美好的明天可憧憬，也才能拥有值得珍惜的回忆。

现实生活中，很多人都容易犯这样的错误。拥有的时候不知道珍惜，等到失去了，才会感慨曾经的拥有，也才会意识到曾经的自己是多么幸福。女人尤其容易犯这个错误，因为女人更容易被欲望控制和左右，所以总是这山望着那山高。有很多女人都会抱怨命运的不公，尤其是结了婚的女人，更是对丈夫唠唠叨叨、牢骚满腹，动辄就说丈夫"看看人家的老公……"试想，哪一个男人愿意这样整天被妻子否定和批评呢？所以感情最终会在女人的牢骚中消耗殆尽，也会使女人原本幸福美满的婚姻走向终结。

女人只有活在今天，才能不再抱怨，才不会继续患得患失。女人要珍惜自己，因为身体发肤，受之父母，每个女人只有爱自己，才能爱别人，也才能得到别人的爱。女人要珍惜自己的拥有，不管家境是好还是坏，也不管女人对于现状多么不满，这一切都是命运最好的赏赐，女人只有心怀感激，才能让一切都如花绽放。女人要珍惜自己的工作，不要总是觉得别人的工作比自己的好，因为别人在工作上的成就也是一点一滴做出来的，除了富二代官二代之外，有几个人能够一出生就站在山峰之巅呢？我们不能因为有人一出生就站在我们哪怕穷尽一生也无法到达的高度，从而放弃努力。相反，我们要更加努力，因为努力了也许有机会，不努力就没有任何机会了。我们要珍惜自己的爱人。也许我们的爱人不是这个世界上最优秀的男人，也不是所谓的男神，但是我们的爱人是这个世界上最爱我们的人，是能够不离不弃始终陪在我们身边的人。

别人家的丈夫再好，也是别人家的，而且别人过得也未必就和她们表现出来的那么好。我们呢，只要过好自己的生活，才能得到属于自己的幸福，这是任何其他人的幸福都无法取代的。

除此之外，生命之中值得我们珍惜的还有很多很多，诸如我们的荣誉，我们的亲情，我们的友情，我们得到的别人的信任，这都是我们生命中最宝贵的财富，值得我们用心去珍惜，用爱去守护。明智的女性朋友们，我们必须知道，不管是活在昨天的人，还是活在明天的人，都远远不如活在今天的人能够把握更多的幸福和快乐。我们必须坦然接受今天的自己，让自己活在当下，成功迎接命运的到来，才能摆脱愚昧无知，才能避免浪费生命，从而让自己的人生更加充实洒脱。

女人过分执着，就是为难自己

很多时候，我们明知道一些东西是不可能得到的，但是却不肯放弃，非要去争取，去纠结，结果让自己被失败和绝望所俘获，痛苦不已。这时候，如果你能舍得放下，那么你便得到了解脱。作为女人，要懂得放下，才能获得心灵的救赎，才能获得真正的快乐。

人生在世，不如意之事十之八九。生活中，难免会遇到许多不如意的事情，这是人生的常态。当然，有些不如意的事情是由于女人自身原因造成的。人无论成功与失败都要勇于面对自己，女人如果陷入一种困境当中，不懂得迂回曲直，仍然坚持己见，一条道走到底的话肯定是行

不通的。说文雅一点是刚愎自用，通俗一点，就是顽固不化，做事喜欢钻"牛角尖儿"。

然而，实践证明如果一个女人做事总喜欢"钻牛角尖儿"的话，注定终将会以失败告终。一个女人的一生中，需要做的事情很多，需要学的东西也很多，女人不可能什么事情都懂，什么都会做，自然也就不可避免地会犯一些错误。对于自己不懂得的，或者是犯错的地方，女人要学会包容，如果做事一味喜欢"钻牛角尖儿"无疑于自掘坟墓。

慧文结婚了，可是她的婚姻并不幸福。她和丈夫是经人介绍认识的，所以彼此之间并没有多少感情。即使在结婚的时候谈的更多的也是物质与金钱。用慧文的话说，人就是活在现实之中，不谈现实，那么谈什么呢？

她是这么说的，也是这么做的。她的丈夫曾经承诺要给她买一辆车，可是结婚之后却没有兑现之前的承诺。于是结婚之后，她便不停地和丈夫纠结此事，硬是逼着丈夫为她买了一辆车。

在外人看来她是多么的风光。一出门便要开车，而且在平时还带着朋友们四处兜风。可是她每个月的工资却只有2000元，每个月油费都要花去一大半工资。再加上自己要吃好穿好，每个月都要丈夫为她支持高昂的油料费。

时间一长，丈夫便受不了了。因为家里的开支已经让他焦头烂额，而且有了小孩，花销更是大的惊人，又要照顾老人，又要照顾孩子，每个月的那点工资根本不够开销，慧文还要在车上花去一大笔，为此，两口子经常吵架、打架。

慧文拿出自己的杀手锏，动不动撒泼，丈夫是个老实巴交的人，哪里是她的对手。经常这样，丈夫便常常不回家。几个月之后，慧文得知丈夫在外面有了别的女人。这时候她才意识到自己活得多么的虚假了。

为了维持婚姻，她不得不选择了妥协，在给丈夫真诚的道歉之后，她把用来炫耀的私家车卖掉了。这一下家里节省了很大的一笔开支。丈夫也回心转意，对她也比之前好多了。现在的慧文活得真实多了，每天按时上班，和丈夫一起经营婚姻，照顾孩子。

两口子感情也得到了很大弥补，生活也渐渐好了起来。丈夫时不时还会带她和孩子出去旅游。这时候，她才真实地感觉到什么是幸福。

故事里的慧文为了满足自己的虚荣心，逼着丈夫为她买车，为她付燃油费，结果把丈夫逼到了别的女人的怀里，危及到了婚姻和家庭。后来，她毅然决然地斩掉虚荣心，活得简单而又满足，挽回了丈夫的心，捍卫了自己的婚姻。可见，对于女人来说，虚荣的东西毕竟无法与现实生活相融合。要想得到幸福，那么就要斩掉虚荣，做单纯而又真实的自己。

生活中，总有一些女性朋友，在思考问题时，不会变通思路，只认为自己的思路才是最正确的，最终导致严重后果。对于一个成熟的女人来说，固执已见，喜欢"钻牛角尖儿"无疑是致命的。因而，女人如果想要取得成功，就要学会换位思考，懂得包容生活。那么，女性朋友想要改变这一现状的话，应该从哪些方面做起呢？

1. 包容自己的缺点，允许自己有不足的地方

金无足赤，人无完人，每一个女人不可能成为十全十美的人。女人如果想要学会包容，就要首先学会正视自己，主动接受自己的弱点与不

足，允许自己有不如别人的地方，接受自己的缺点与不足并不是什么难堪的事情。女人只有从心里认可这一点，才能更有利于女人从心理上认识到自己的不足之处。

2. 女人要学会包容，就要学会接受现实，勇于承认自己的能力

虽然，出发点很完美，然而并非总能达到理想的彼岸。女人对于自己所犯的错误或失误要主动承认，敢于承认自己这次的失利，不要为了保全面子，而故意扭曲自己的意图，或者是在明确知道自己的行为后果时，仍然拿着自己去做赌注，这种"明知山有虎，偏向虎山行"的做法，也只是送羊入虎口而已，这并不是一种勇敢，而是一种愚蠢的行为。

3. 女人要懂得包容，就要学会接受别人的意见与建议

一个喜欢"钻牛角尖"的女人，其最终结果只能让亲者痛，仇者快。为了避免发生不好的事情，在某些情况下，女人要学会聆听他人的意见与建议，特别是对于一些朋友的忠告更应该虚心听取才是，这样可以避免女人出现言行过激，有极端化倾向的行为。

俗话说，"听人劝，吃饱饭"，一个喜欢钻牛角尖的女人只会让自己脱离成功之道，进而加快失败的脚步。女人如果想要拥有成功，就应学会接受他人的意见，用包容的心去面对人生的不足，多角度地考虑问题。

放弃，并不意味着失败

美国电话电报公司的前任总裁卡贝曾经说过："放弃是创新的钥

匙"，这也就道明了放弃比争取的意义更大。假如你所争取的东西与自己最终追求的东西，或者与梦想背道而驰，已经让自己感到压力很大，影响自己的前行，不如学会放弃。也许放弃一些东西对你来说并不容易，但是时间将会给我们最好的答案，在未来，你就会发现放弃有时是为了更好地得到。放弃那些不合适的东西，何尝不是另一种收获呢？

在这个世界上，我们要学会量力而行，有些事情因为客观因素等是我们可望而不可即的，此时我们就应该学会放弃，更好地追寻自己的梦想。人生因为有梦想的存在而精彩，不要因为追寻的太多，让梦想成为空想，成为奢望。在追梦的过程中，有的人遇到了挫折就开始走回头路，或者是抱着不撞南墙不回头的态度一路前行。其实，放弃并不是意味着失败，当我们看不到前面的路的时候，不妨转个弯，一样能到达成功的彼岸。现在明智地放弃，是为了将来收获更多的美好。明智地放弃能获得更好的生活，我们常常在得失间做出抉择，在放弃与坚持间徘徊，我们希望拥有得更多，害怕失去，有时也就舍不得放弃。

其实，放弃对于每一个人来说都是一个艰难的抉择，但是此时我们不放手，可能失去的更多，到时留下的只能是悔恨。生活中有许多的精彩等着我们去领略，但是你必须学会取舍，学会放弃，选择适合自己的路，否则生命将难以承受。

法国作家杜拉斯曾说过："人之一生，不可能什么东西都能得到，总有可惜的事情，总有放弃的东西。不会放弃，就会变得极端贪婪，结果什么东西都得不到。"在人生的旅途中，我们总要做一些艰难的抉择，是放弃还是坚持，不要犹豫不决，否则可能因此而一无所有。

　　明智地放弃也是一种收获，退一步海阔天空，人如果想要获得更多，就应该有选择的放弃。人生因为放弃而有了更好的收获。

　　放弃之后，能收获什么呢？

　　1. 时间

　　时间对每个人都是公平的，每天每个人都是二十四小时。然而在同样的时间内，每个人所取得的成就却差异巨大。这是为什么呢？其实，这是因为有的人精力太分散了，没有取舍。总是试图抓住许多东西，到最后才发现有些时间和精力是浪费在毫无意义的事情上的。如果能合理规划时间，将时间花费在重要、有意义的事情上去，那么必将在那个方面有所成就。这就是生活的启示，告诉我们，对于那些无关紧要的事情，我们要学会放弃，有计划地做一些有意义的事情，有舍弃也会有所得到。

　　也许这一刻的放弃是一个艰难的决定，但当你在未来获得更加大的成就时，你就会发现此刻的放弃对未来是十分有意义的。

　　2. 内心的宁静

　　放弃，在很多人看来，好像是一种被动的选择，很多人选择坚持，只要有一线希望，都不愿意放手。若你所做的事情本身就是一个错误，你所谓的坚持与执着又有什么意义呢？人生短暂，时间不等人，有时候我们该静心思考一下，什么事情值得我们全力以赴去追求。而对于那些没有意义的事情，也要尽早放弃。

　　放弃也是善待自己，从你决定放手开始，你内心的压力就减少了，你的心情更加愉悦了。放弃后，你会更加轻松，不再因成败而患得患失，让内心平静下来。

学会放弃是在生活中智慧的表现。放弃不属于自己的部分，珍惜自己拥有的事物，那么，你就能感受到更多的幸福和快乐。

3. 快乐

有句话说，人之所以有失落、伤心，往往是因为把目标定错了，追求了不合适的东西。人之所以与幸福失之交臂，往往是因为不懂得放弃，明知是不合适的还紧抓着不放。有时候无谓的坚持是没有什么意义的，学会放弃才是明智的选择。

其实，没有什么东西是放不下的，只是我们自己把它们看得太重了。有时候明智的放弃，胜过盲目的坚持。放弃不是妥协，是深思熟虑后的智慧选择。放弃之后，我们往往能收获得更多。

世上万事万物都处于矛盾运动之中，有成功就有失败，有得到也有失去。该放弃之时放弃，这不失为一种明智的做法。不要因小失大，不要为了追寻一滴水，而放弃了整条河。为了美好的未来，我们应该学会放弃，方能成为生活的智者。

第06章
当你温柔，却有力量

　　有人说，女人是水做的，因为女人温柔，温柔似水，但水滴也能石穿，女人温柔，但同样也有力量。生活中，那些智慧的女人都懂得运用自己的温柔利器来实现目的，比如眼泪攻势、柔情蜜意、神秘感等，总之，聪明的女人如果能在适当的时候展现温柔的性别优势，一定会为你带来意想不到的效果。

眼泪，是女人最有效的武器

有人说女人是用水做的，所以女人很喜欢流泪，这本身就是作为女人的特质。女人的心都会特别的柔软，她们的心思极敏感又显得很脆弱，很容易感动又很容易生气。于是，在她们碰到一些事情，触碰到内心最柔软的部分时，她们就会流泪。或是因为感动，或是因为情不自禁，或是因为生气。很少有女人称得上凶悍，也很少有女人不会留眼泪。有时候，眼泪会成为女人们最有效的武器。

生活中能让一个女人流泪的事情很多：琼瑶阿姨煽情的爱情小说，当看到男女主人公生离死别又怎能不流泪？在自己毫不知情的情况下，男朋友突然送来的惊喜，会让她们感激涕零；受上司或者父母的责骂，因为伤心而流泪；看见身边有人哭泣，便感同身受而流泪。女人天生眼窝子就特别浅，既不能忍受自己伤心，也不能忍受别人伤心。所以有时候，也会有人说："女人的眼泪是不值钱的。"因为她们往往不分场合，不分轻重就流泪，只要有一点点事情，就会流泪不止。聪明的女人要学会使用自己"有效的眼泪"，眼泪要流在该流的地方，女人要记住，如果你流泪了，首先就要考虑你的泪是否值得。

当女人还是一个小女孩的时候，就懂得如何来使用眼泪了。一般来说，父亲都惧怕小女孩的眼泪。当一个小女孩向父亲索要什么东西的时候，如果父亲开始拒绝，那么她就会马上浸湿眼眶，一颗晶莹剔透的泪珠就滑落下来，于是父亲开始放下自己的权威，马上向小女孩投降。女人的眼泪并不是示弱的表现，而是"有效的眼泪"。女人如何才能使自己的眼泪变得有效呢？这就要遵循有效眼泪的规则。

眼泪就算是有力武器，也不能过于频繁地使用，别把林黛玉哭成了祥林嫂。女人的眼泪是一种有力的武器，特别是对于男人来说。当一个男人面对一个流泪的女人，他常常是招架不住的，男人在女人的眼泪面前完全失去了所有的抵抗力。于是，当女人和男人吵架，女人便会流下伤心的泪水时，男人就开始乖乖就范。但是，女人不要频繁地使用眼泪，而只能在恰当的时候使用。什么事情如果过分地重复就会让人有厌烦之感。所以女人不要频繁地使用有效的武器，以免到最后失去了功效。

不要在完全丧失理智的情况下流泪，这时候，你可以冲到卫生间或楼顶阳台上去哭。有时候，你在与家人、朋友、同事出现意见不合的时候，你有你自己坚定的立场，可是他们没有谁来全力地支持你，而是孤立你。这时候，你流再多的眼泪也是徒劳的。所以，你就要学会一个人默默地流泪。与其让你的眼泪被他们奚落，还不如自己偷偷地跑出去哭泣。

如果你在社会中有某种权威，或在工作中处于什么要职，这时要格外小心使用眼泪。如果你在社会上是有名气的人，那么你就要注重场合，不要随便流泪，因为你一旦流泪就会有很多双眼睛盯着你。在人前

表现你柔弱的部分，就会消减你身份的权威性。在工作中也是一样，一个领导要在下属面前树立自己的威信，所以，就算你很伤心，也不要当着下属的面流泪，一个人偷偷哭或者是回到家里再哭。

不要在上司对你暴怒的时候流泪，你的眼泪会让他们心烦意乱；在长辈对你暴怒的时候流泪，你的眼泪会让他们受到安慰。你已经做了些让长辈生气的事情，当他数落你的时候，你就不要一声不吭地做无言的反抗。

而是当他说到伤心处，你要适时地流泪，并开始道歉，那么他就会认为你是把他的话听进去的。

相反，在上司对你大声责骂的时候，就要保持你的尊严，低头一声不吭地任凭他的责骂。如果你流泪了，他会更加对你感到厌烦，而且会认为你是个不争气的女人。

任何时候，感动的眼泪是有利而无害的。当父母对你谆谆教诲的时候，当朋友为你倾力相助的时候，当男朋友对你甜言蜜语的时候，当你获得了极高荣誉的时候，这些时候，你都可以流泪。因为那是幸福的眼泪，也是会让他人觉得欣慰的眼泪。有的时候，你的眼泪是真诚的表现，会打动所有的人，哪怕是一个陌生人。

在这个冷冰冰的世界，女人善于用眼泪来获得一些成功。但是并不是女人在任何时候都哭哭啼啼的，那样不但不会对自己有益，还会使别人对你产生厌烦。

聪明的女人就能够在适当的时候流泪，恰到好处的眼泪常常就带来意想不到的效果。

高瞻远瞩，女人也要有长远眼光

现实生活中，有很多女人都以弱者自居，都觉得自己既然是女人，那么嫁一个好丈夫，就应该成为我们人生之中至高无上的理想。其实不然，现代社会，女人已经不像是在封建社会那样相夫教子，而两耳不闻窗外事。也许有的女人会说，我们愿意当全职太太，过着安逸稳定的生活。实际上，当全职太太就一定安逸稳定吗？整个世界都处于发展变化之中，如果我们始终不变，那么当外界在变，当我们身边的人在变，渐渐地我们就会落后于人。从这个角度而言，在现代社会，其实没有人能够真正做到完全不变。

当然，我们这里并非劝说所有的女人都不要当全职太太，毕竟每个家庭都有自身的特殊情况，而作为家庭的主人，女人理所应当和男人一起撑起家庭。所以不管是在外面打拼也好，还是在家里照顾老老小小也好，只是家庭分工不同，对于家庭的贡献是一样的。但是哪怕当全职太太，也需要女人有自己的眼界，而不要每天的生活都仅仅是盯着厨房，更不要把所有的心思都用于研究每天的吃吃喝喝上。不可否认，衣食住行与吃喝拉撒，是人生的必然生理需求，但是任何时候，我们都不能忘记关注这个丰富多彩的世界。

有人说，女人的一生如同一幅画卷，甚至比《清明上河图》更长。这幅画卷似乎没有尽头，让女人不得不用尽一生去丈量。更多的时候，女人也如同是人生的绘画师，在自己人生的画布上不停地描绘和涂色。人生的基调，实际上就是女人的心情，而女人的心情又取决于女人的眼

界，取决于女人能否真正对生活有深刻的洞察，对人生有丰富的体验。

现实生活中，我们经常听到很多人用水比喻女人，实际上，水看似柔软无形、无色无味，但是却非常地顽强。水正因为无形，所以能变幻成任何形状，正因为无味，所以能接受一切味道。水非常单纯灵动，也能够改变成为各种形态，还能够适应各种容器。因而把女人比喻成水，不但意味着女人的温柔，也恰恰代表着女人的顽强坚毅。

科学家告诉我们，水在人的身体里占有很大的分量。人的本性如同水一样，也恰恰意味着人的本性也应该如同水一样富有张力。所谓张力，意思就是说水的分子内部存在一定的力量，那么人的张力呢，则在于人的内心，人心的坚韧不拔和顽强不屈。眼界开阔的女人不但对于人生有着深刻的体验，而且内心深处也极富张力。有张力的女人哪怕遭遇人生诸多的不幸，也依然能够勇敢面对。她们从来不把艰苦的环境视为对人生的禁锢，而是能够浴火重生，凤凰涅槃，从而让自己在艰难的处境中不断成长起来，拥有更加坚强的内心。

很久以前，有位智者生活在深山里的寺庙中，有个女人因为生活艰难，感到万念俱灰，因而爬上深山，找到智者询问人生的真谛，希望得到智者的开解。智者面对愁眉不展的女人，拿出一粒带壳的花生给女人说："好吧，现在使劲，把这粒花生捏碎。"女人只用了很小的力气，就把花生捏碎了，饱满的花生仁马上出现在女人眼前。然而，智者微笑着，让女人再次捏碎花生仁，女人按照智者所说的去做了，但是她只是捏掉了花生的红衣，白白嫩嫩地花生仁却完好无损。女人无论如何努力，都无法捏碎白白的花生仁。这时候，智者苦口婆心地告诉她："不管生活多么艰难，哪怕让你蜕掉好几层皮，你也要保有一颗坚强的心。只要你的心始终坚强，不会被生活碾碎，你就能够始终心怀希望啊！"

的确，正如智者所说，生活有的时候确实很残酷，甚至会让我们蜕掉好几层皮，陷入绝望之中，对生活再也不怀有任何希望。然而，生活并不会真的让我们走投无路。在遭遇绝境的时候，只要我们心怀希望，有一颗坚强勇敢的心，不离不弃地面对生活，那么我们就会发现，原来一切都有可能出现转机。

人们常说，站得高，才能看得远，这句话非常有道理。不管什么时候，我们都要开阔自己的眼界，才能让自己看得更多，也看得更远。在生活的重压之下，很多女人都已经习惯了勇敢无畏，但是她们之中有些人却缺乏主动改变的习惯。她们被现状所禁锢，生怕改变之后一切都会变得面目全非。殊不知，生命不仅仅在于运动，生命更在于改变。女人唯有不断地提升和完善自我，站得更高，看得更远，才能够真正改变自己，掌控人生。

智慧女人，懂得独立面对人生

在《欢乐颂2》中，蒋欣入木三分刻画的樊胜美角色，终于在最后一集电视剧即将圆满大结局的时候，给了自己一个交代。在第一部里，她总是想要找一个大款或者有钱人依附自己的人生，在第二部里，她好不容易才尘埃落定和王柏川在一起，却依然不管什么事情都想推托给王柏

川解决。看似独立能干的她，一旦遇到自己的事情就会马上束手无策，更不愿意承担任何繁重的工作。总而言之，她把自己对于人生的所有渴望和憧憬都寄托在王柏川身上，希望通过王柏川的成功，彻底改变自己的命运。最终，王柏川在父母的帮助下买房，却拒绝写她的名字，为此，她痛定思痛，在如此沉重的打击下开始反思自己的人生，最终意识到自己还不如小蚯蚓独立，更不如其他几个室友那样自力更生。虽然她也承担了沉重的家庭，但是她却始终没有摆正自己的人生位置，所以才会如此被动，而且在大都市辛苦打拼这么多年，却依然毫无收获。

随着封建时代的终结，女人的地位得到了极大的提高，因而现代社会的每一位女性都不再是家庭的附属品，也不是攀附在男人身上的凌霄花，而是要以树的形象，与男人比肩而立，与男人平分秋色，与男人共同撑起一片天空。女人要掌控自己的命运，唯有依靠自己的努力过上自己想过的生活，才有资格左右人生，设想命运，也才能最大限度完成自己的梦想，成就自己的人生。遗憾的是，现代社会依然有很多女人不能独立面对自己的人生，她们缺乏自信，质疑自己的能力，因而导致不管面对什么事情，都犹豫不决，都无法勇敢地说出自己的心声。这样委屈的一生，是任何明智的女人都不想要的。

大学毕业后，娜娜就和大学时的恋人刘伟结婚了。很快，她怀孕了，此时又恰逢刘伟事业发展的关键时期，因而娜娜主动辞职，一边孕育孩子，一边安心照顾家庭，给刘伟做好后方工作。几年之后，孩子该上幼儿园了，刘伟也事业有成，大家都以为娜娜的好日子要来了，可以当个富贵优雅的全职太太了。然而，刘伟这时候却突然与办公室里的花瓶产生了暧昧关系。得到消息后，娜娜简直觉得天都塌了。

她不知道如何面对孩子，也不知道怎样开始接下来的人生，她原本以为只要努力相夫教子，操持好家庭，自己就会和刘伟继续这样默契地合作下去，共同创造美好的生活。虽然刘伟恳求娜娜原谅她，但是性情孤傲的娜娜却提出了离婚。幸好，娜娜虽然被生活磨砺得失去了很多，但是还没有忘记自己的心性。离婚之后，娜娜痛定思痛，觉得不但要倚靠自己活得漂亮，而且要把儿子养育成人，让所有人都对自己刮目相看。就这样，她像是一个初入社会的小女生，一切从头开始，吃了很多苦，也遭遇了很多困境。但是如同笼子里的金丝雀一般的她，突然间变得坚强起来，在所有人都以为她无法坚持下去的时候，她成功地战胜了自己，在职场上打拼出了一片属于自己的天地。自立自强、独立勇敢的娜娜赢得了很多成功男士的尊重和青睐。她的追求者依然有很多，虽然她是个单亲妈妈，不但要忙工作，还要照顾孩子，但是她的魅力从未打折。最终，在众多追求者中，有位优秀的男士脱颖而出，赢得了娜娜的欢心。娜娜开始了自己崭新的人生，她决定接下来无论发生什么事情，她都不能成为攀援的凌霄花，而要以树的形象与自己心爱的男人比肩而立，相互在微风中点头致意。

一次失败的婚姻，给予了娜娜深刻的人生感悟，使得娜娜意识到女人必须独立自强，成为自己命运的主宰，才能在人生中的每一个时刻都活得潇洒。相信在第二次婚姻中，不管生命的另一半多么成功，娜娜都会保持自己独立的人格，独立的经济能力，绝不再靠着男人养活，成为温室里的花朵。

现实生活中，我们身边有很多女人都被人夸赞美丽漂亮、聪明贤惠等，这些夸赞都不是最重要的，因为这些夸赞终究是夸赞而已，对于女人的人生是没有任何实质性帮助的。明智的女人知道，哪怕得到再多的赞美，也依然要坚定自己的初心，从而努力提升和完善自我，让自己哪怕仅凭一己之力也能潇洒地面对艰难的生活，要活得成功，更要活得漂亮。

做一个人见人爱的温柔女人

女人美丽如花，女人魅力如珠，她们柔情似水，清新如茶，轻盈如歌。有的女人清新淡雅，有的女人聪明美丽，有的女人善良真诚，有的女人精明能干，但是，无论你是属于哪种类型的女人，如果你缺乏女性特有的温柔，就很难受到人们的肯定，也无法被公认为好女人。真正人见人爱的女人，应该是传递爱的使者，是温柔的化身，只有温柔的女人才是最让人心动、最有魅力的女人。从她们身上体现出来的是无尽的温柔，就如同山里的清泉，涓涓细流，一直流到你的心底；恰似冬日里的暖阳，一点一点地温暖你冰冷的心；又如竹林里的风，暗香长留，清美幽远。

有人说，温柔的女人是微笑的天使，她们总是面带微笑度过每一天的生活，从来不抱怨生活中的困难和挫折。她们把每一次的失败都认为是一次尝试，不会一蹶不振；把每一次的成功都看作是一种幸运的降临，而不张狂不羁。她们力所能及地改变自己所能改变的一切，接受那些不能改变的种种，她们用柔情感化他人，影响他人。温柔，犹如一把神奇的钥匙，可以打开心灵的迷宫；温柔，似一缕微风，可以化解情感隔膜的冰霜；温柔，恰似微笑的天使，在她们的脸上挂起一片永不凋零的灿烂。

温柔的女人是爱的化身，她把爱恋献给丈夫，把慈爱留给孩子，爱在她们身上体现得尤为伟大。有人曾说，上帝创造女人最大的成功，不是赋予她们天生丽质的外表，而是赐予她们一份女性特有的温柔。对于每一个女人来说，这样的温柔是一种智慧，是一种人生境界，是女性独有的气质，更是女人柔情似水的展现。

女人的温柔是一尊美丽的雕塑，它是用自信、幽默、宽容一点一点地雕琢而成的。很多女人总是想留住自己的青春和美丽，不惜花费大量的精力和财力去精心装扮自己，小心呵护自己美丽的容颜。她们不去在乎父母身体健康与否，也不关心身边的人，她们把更多的目光投向名牌服装或者时尚发型。

殊不知，青春和容颜终经不起岁月的洗礼，自己终有老去的一天。而温柔的女人就不会过多地去关注自己的容颜，她们会把更多的时间来留给身边的人。

尽管已经不再年轻，但是她们依然如年轻时候那样温柔、精致、真切，悄悄地关心着身边的人。你可以不再年轻，也可以不再漂亮，但你却不能不温柔，只有温柔的女人，才能收获自己的幸福。智慧女人，做一个人见人爱的温柔女人吧！

眼泪攻势，该如何使用

曾经有个小男孩问上帝一个问题："女人为什么那么容易哭？"上帝回答说，他在创造女人时给了她们强壮的肩膀以承担世间不可承受之重；给她们温暖的心去爱；也给她们眼泪，因为通过眼泪人们可以看到她们美丽的心灵。对于每一个女人来说，眼泪在某些时候成了她们克敌制胜的法宝，成了她们的秘密武器。当然，这样的秘密武器绝不能随便使用，智慧的女人总会在关键的时刻流下眼泪，以此博取他人的同情和怜爱，最终使自己的愿望得以成真。

当一个小女孩想拥有自己的洋娃娃，但是严厉的父亲却对其进行斥责，于是，那原来天真无邪的大眼睛里会立即充满眼泪，马上哭起来。这一哭，可把本来板着脸训斥人的爸爸给乱了阵脚，他几乎是毫不犹豫地抱着女儿就向商店跑去。这样的场景几乎每天都在上演，也似乎成为了每一个女人小时候的趣事。当我们还在很小的时候，就懂得如何用眼泪来赚取同情，博得怜爱，甚至为了达到自己的愿望而不惜挤出几滴眼泪来。所以，从小女孩长成大人之后，智慧女人更善于使用这样的小伎俩，耍点小心机，当自己与男友在意见上出现分歧的时候，她就会以自己的眼泪"击败"对方，获取决定的主导权。

《红楼梦》里，贾宝玉曾说："女人是水做的。"当然，这里指的女人是水做的是说女人纯洁如水，而并不是爱哭。而现今男人们所说的女人是水做的，才指的是女人动不动就流泪。女人在高兴的时候也哭，在难过的时候更是哭得稀里哗啦，即便是收到朋友的礼物都会喜极而泣，这就是为什么会用"梨花带雨"来形容女人了。从生理上解释说可能是女人的泪腺比较发达、敏感，而比较浪漫的解释就是女人心中充满了爱。女人的眼泪对于男人来说，就是致命的武器，任谁见了都会忍不住产生一种想要呵护的欲望。如果你在这个关键的时候，提出自己的愿望，他一定会尽力满足你的要求，因为没有什么能比换来你的一张笑脸更有价值了。

当然，女人的眼泪再加上语言和肢体的表达，以此来博取他人的怜爱是一个十分可行的办法，但却不是每次都管用。特别是有的女人动不动就哭，一点小事情也会哭，出了大事情更是哭得上气不接下气。这样的女人在刚开始的时候，可能眼泪还会有作用，到后来对方已经完全厌烦了你这种招数。即便是你哭得再伤心，他也会无动于衷，已经变得麻木了。因此，智慧的女人不仅懂得如何利用自己的眼泪，更要懂得掌握好时机。眼泪，是智慧女人的秘密武器，而既然是武器就应该用在最需要的地方，才能体现其价值所在。

留一丝神秘，让女人更有吸引力

一个人要想得到众人瞩目，就必须有着强大的人格魅力。细心的朋友们会发现，自古以来，有很多伟大的人物之所以能过如愿以偿地成事，就是因为他们振臂一呼，应者云集。现代社会也在不断发展，这一切都依赖于科技和现代文明的进步，而推动整个人类不断前进的，正是

人们天生的好奇心和探索欲望。反过来看，假如我们对于他人始终充满神秘的吸引力，那么我们的身边何愁没有追随者呢！

除了血缘关系之外，夫妻关系是人类诸多关系中最亲密无间的。然而，婚姻专家却告诉我们，即便是夫妻之间，也应该保持神秘感，才能对彼此充满吸引力。举例而言，有很多人喜欢把自己完全剖白在对方面前，毫无秘密可言。这样一来，在漫长的夫妻生活中，尽管能够避免因为彼此不够了解而产生误解，但是枯燥和乏味的感觉却会应运而生，这远远比误解更糟糕。因而婚恋专家告诉我们，夫妻之间只有保持神秘感，才能保持吸引力，也才能维系夫妻关系稳固。人们常说，熟悉的地方没有风景，也正是这个道理，喜新厌旧几乎是人类的天性。

对于很多初入职场的新人而言，往往急于求成，恨不得把自己的所有能量在最短的时间内全部展现出来。殊不知，职场新人既要表现自己，又要把握好一定的度，一则是因为树大招风，二则是应该为自己留下底牌，从而抓住合适的时机展示自己的能力，吸引他人的眼球。

在经历了上次失恋之后，石羊很快又开始了一段新恋情。看到石羊的动作如此迅速，大家都觉得惊讶极了。毕竟石羊的上次恋爱可算是伤筋动骨啊。石羊和前任女友已经买好了房子，也进行了装修，却因为女友父母挑刺，导致不欢而散。为此，很有阳刚之气的石羊并没有追着前女友分房子，而是慷慨地把房子送给了前女友。不过，石羊此举虽然壮烈，他却在随之而来的恋爱中犯了一个至关重要的错误。

原来，石羊和新女友刚刚开始交往，他就把自己的全部光辉历史和盘托出。尤其是当听到石羊给了前任女友一套房子作为分手费时，现任女友又心疼，又暗暗恨自己为什么不是石羊的前女友。在经过一段时间的交往后，年纪都老大不小的石羊和女友结婚了。因为经济拮据，他们只能租房结婚。不过，石羊有信心再为自己挣得一套房子。就这样，妻子整日在家相夫教子，石羊则奋力拼搏，很快，他们又凑齐了首付，开始琢磨买房的事情。这次，石羊因为有了前次的教训，不想再把房子落在妻子一个人名下，而是想写两个人的名字。没想到，妻子对此愤愤不平："你那个前女友，自愿和你谈恋爱好几年，分手了还得到你一套房子，怎么我都和你结婚了，孩子都一岁多了，你还防备着我吗？我没要求房子作为我个人财产就不错了，你还这么小心眼。"在妻子的一番抢白下，石羊无话可说，最终只得把房子落在妻子一个人名下。然而，天有不测风云，石羊突然查出来身患怪病，需要大笔的医药费治疗。此时妻子却瞒着石羊偷偷地卖掉房子，回到娘家所在的城市买了一套房子，为自己留好了退路。石羊觉得非常绝望。

在这个事例中，石羊错就错在不应该把自己前面失败的恋爱经历都告诉妻子，尤其是不应该把自己遭受损失的事情告诉妻子。这样一来，他的妻子必然觉得心里不平衡，也暗暗有了想法：既然你能对前女友都那么好，就应该对我更好。也或者，妻子原本就觉得石羊是个冤大头，才也想从石羊身上捞一笔。总而言之，人心隔肚皮，知人知面不知心。任何时候，我们都要学会适当地为自己的隐私保密，也要学会保护自己。

人都是有私心的，这一点无可厚非。我们在与任何人相处时，都要对自己的隐私严格保密，而且不要把自己所有的历史都向别人和盘托

出。试问，难道你愿意在别人面前成为毫无隐私和秘密可言的玻璃人吗？当然不想。那么，朋友们，就让自己保留几分神秘感吧，你会发现不那么透明的你，对他人才会有更大的吸引力。

第07章
容颜可以老去，心态要永远年轻

　　对于女人来说，她们比男人更感性，所以更能感受到生活的喜怒哀乐，更能感触到原汁原味的生活。当然，生活本就是苦痛大于甘甜，但如果心态好，能正确地体会生活，感悟生活，那么你感受到的自然多是快乐，你的生活会充满阳光，处处留下开心的微笑。因此，每个女人要记住，青春易逝，容颜易老，但心态一定要永远年轻。

找出闲暇时间，让心奔向诗和远方

当你因为生活四处奔波，因为工作疲劳不堪的时候，与其硬撑着，不如放飞心情，让自己偶尔闲下来，做些自己喜欢的事情，或者什么也不做，就那样安安静静地待着，看一看夕阳，听一听海浪，让自己紧绷的心放松下来，也让自己的人生更多几许轻松愉快。

对于女人浪漫的心而言，现实生活的确是太繁琐复杂了。曾几何时，人们都以为生活是男人的事情，更觉得为生活劳苦操持是男人的分内之事。

然而，生命有着不可知的未来，随着女人的社会地位越来越高，女人也要面对复杂的生活，承受起生活的繁重。虽然女人已经撑起了半边天，但是随之而来的一切也让女人不堪其忧。固然我们无法推掉身上的一切责任和重负，但是我们依然能够找出闲暇的时间，让我们的心奔向诗和远方。

很多女人喜欢虚无缥缈地活着，爱追求那些看不见摸不着的生活，实际上，生活就是要脚踏实地，踏踏实实的。但是这也并不意味着生活要一直保持枯燥无味，要知道生活自有其生动的一面。我们也唯有更加积极主动地面对生活，才能让生活灵动起来。

最近半年来，清然每天都很忙碌。她是一个职场女强人，从大学毕业进入公司工作开始，她就成为一个忙碌的人，后来随着职位上升，她更是四处飞来飞去，变成了真正的空中飞人。有段时间，清然因为过于忙碌，导致身体出现差错，她在检查之后被诊断胃里有一块息肉。清然感到难受极了，突然感觉到生命正在离自己远去，为此她马上停下手里的一切工作，把妈妈也接到身边，准备做手术。

也许因为精神紧张，清然还出现了睡眠障碍，居然睡觉的时候经常发生梦魇的现象，导致心力憔悴。为此，妈妈决定手术结束后，把清然带回老家那个山清水秀的地方修养一段时间。

虽然清然还是放不下手里的工作，但是妈妈很严肃地告诉她，唯有拥有健康的身体，才能使得一切都有本钱，清然的人生才有了资本。清然顺从妈妈，放下手里的一切工作，回到家乡修养半年，才如同满血复活般回到大城市继续打拼。

每个人都会感到劳累，这是因为人是血肉之躯，不是铁打的，所以不可能如同机器一样始终维持高速运转。清然的经历给了我们什么样的启示呢？那就是我们要照顾好自己的血肉之躯，不要因为始终忙于工作就忽略了身体健康。

尤其是职场女性，必然承担着比男性更大的压力，很多已婚女性还要同时兼顾家庭。

因而，调养身心就显得更为重要。毕竟唯有拥有健康的身体，拥有愉悦的心情，我们才能始终保持良好的状态，也让我们的人生变得更加从容淡定。

书也是改变一个女人最有效的力量之一

几乎每个女人都渴望自己成为美丽的女人，尽情绽放属于自己的魅力。然而，她们在很多时候只关注到外在的容颜，而忽视了对心灵的呵护。当她们把自己的外表装点得精致至极时，心灵却空空如也，这样的女人只会被人们称为"花瓶"。只是有光鲜的外表，而没有丰富的内在，根本就没有可欣赏的价值。要想做一个内外兼修的女人，就要学会读书，尽可能地多读好书。读书是带人类从蒙昧走向文明的捷径，书也是改变一个女人最有效的力量之一。一个女人由内而外散发出来的气质、智慧、修养，大多是跟书分不开的，做一个有魅力的女人，就要尽可能地多读书。

塞缪尔·斯迈尔斯在《自助》中说："Man is what the read."意思就是"人如其所读"，很多时候，一个女人所表现出来的言行举止，其实正在被他人所"读"，你的修养、气质、智慧正从你的一言一行、一举一动中流露出来。女人，就要像坚持用化妆品一样，需要保持阅读的习惯，这样才能丰富自己的心灵。肌肤需要汲取水分，也需要汲取营养，心灵与肌肤一样，它也需要汲取养分才不至于空洞，不断地积累知识，才能填满心灵的空虚。而书则是最好的养分，是最好心灵之源。新疆女作家毕淑敏曾说："书就像微波，从内到外震荡着我们的心。"很多女人都在时代的潮流中追寻，企图追寻一种永远的时尚，其实读书就是人生最好的一种时尚，做一个魅力的女人，一定要以读书为底气。

读书对于女人来说，是一种最好的修身养性方法，也是最有效的方法。那些喜欢读书的女人，不会追求浓妆艳抹，而是追求一种至高无上的境界。一个会读书的女人，如果读了一本好书，就会汲取书里的好思想、好品德，久而久之，在她身上自然会流露出一种优雅的气质，娴静而妩媚，高雅而迷人。这样的女子，不会结群聚在一起议论是非；不会在大庭广众之下做出无礼举动。读书的女人，颜如玉，心如水，落落大方，举止优雅，流淌着无尽的魅力。

女人的魅力需要来自心灵的支撑，而心灵的支撑则需要知识的积累，读书的女人是美丽的。多读一些好书，为自己的生命画上最绚丽的妆容，让你的一生都绽放如烟花般的美丽。

幽默风趣的女人更讨喜

很多时候，由于陌生人的加入，很多平日里熟悉的朋友顷刻间没了话说，倒不是两人感情多不牢靠。而是因为陌生人的加入，让大家感觉到不安。平日里只有好朋友之间说的话不能说了。这时候，往往会陷入沉默，会冷场。

为了打破这种沉默，让陌生者迅速地融入到这个圈子中，就需要有人会说一些热场的趣言，来帮助大家重新敞开心扉，从而营造轻松愉悦的交谈氛围。往往在这种场合下，就需要女孩子热情大方地说一些很有意思的话，或者开个玩笑，迅速地打破这种僵局。

每个人都遇到过沉闷的气氛。新认识的朋友在一起，一时找不到聊

天的话题；相亲时两个人很紧张，不知道说什么能给对方带来好感；开会时由于问题的难度很大，无人发言，等等，都会造成沉闷的气氛。沉闷的氛围是让人尴尬的，因为，在沉闷的氛围里，人容易紧张，这时做什么事都会觉得不自在，这样是不利于交往以及问题的解决的。所以摆脱沉闷的气氛无疑将会推动友谊的加重、情感的发展以及问题的解决。用一个小笑话、一句恰到好处的幽默快语来调节一下此刻的氛围，对摆脱沉闷、促进交流无疑是不错的选择。

　　某大公司的董事长和当地的财税局长有矛盾，这不利于当地经济进一步发展工作的部署，所以需要双方坐下来好好谈一谈，以便解决矛盾，化干戈为玉帛。由于双方各持己见，很难心平气和地坐在一起，所以一个使他们不得不到场参加的重要会议，给问题的解决提供了一个难得的平台。但是会场上的两个人还在斗气，都对对方视而不见，犹如两个瞎子。会议氛围一度十分沉闷，会议的很多领导也都很为难，他们也希望双方能把各自的观点讲出来，这样才能有针对性地讨论解决问题的办法。就在这时，会议主持人抓住他们的矛盾，灵光一闪，计上心头。他向人们介绍这位董事长时，讲道："下一位演讲的先生不用我介绍，但是他的确需要一个好的税务律师。"听众爆发出一阵大笑，董事长和财税局长也都笑了，沉闷被打破了，氛围一下轻松了许多。董事长借着这个难得的氛围，把企业今后发展的目标、目前遇到的困境以及需要得到的帮助都在会上讲得十分清楚、透彻。最终，财税局长和那名董事长之间的矛盾在互相理解中化解了，皆大欢喜。

　　由以上的例子不难看出幽默对调节氛围的效果是十分明显的，但是幽默不是那么容易就顺手拈来的，也不是那么容易就取得良好效果的。这需要不断地学习、积累。首先，要用知识不断地充实自己，没有丰富的知识，很可能搞不清对方在说什么。在幽默时，缺乏素材，找一些差强人意的说辞又会让人不知所云，不恰当的幽默还不如选择沉默。然后，要用实践不断地历练自己，一个能淡定处事的人都有着丰富的人生阅历，经历少的人很可能在特定的场景出现思维短路、呆若木鸡的情形，更别提谈笑风生、饶有风趣了。所以，要有相当的学识和丰富的经历才能在关键的时刻气定神闲、妙语解颐。

融入生活，走出一个人的孤独世界

虽然现代社会发展迅速，而且现代的医疗也得到了突飞猛进的发展，但是孤独却作为一种越发严重的心理疾病，侵袭了人们的生活。也许有人会说，现代社会已经人满为患，人们不管走到哪里，都置身于熙熙攘攘的人群，怎么会觉得孤独呢？没错，现代社会的确很嘈杂热闹，但是孤独症患者越是置身于热闹的人群里，就越是倍感孤独。没错，人们切实的感受与人群的喧嚣，就是如此。

其实，我们很容易就能打破孤独。尽管在现代的大都市中，人们居住在钢筋水泥的城市森林里，也因为频繁的迁徙和身边的人际关系日渐疏远，但是只有我们有勇气打破孤独，孤独就会应声破碎。上帝使人拥有热情与爱，就是因为希望人们满怀真诚地对待同类，这样人与人之间

的坚冰才能被打碎。因而，我们要想战胜更加顽固的孤独，首先要走出自艾自怜的阴影，走入阳光之中，走到与朋友的真诚友爱之中。只要我们愿意寻找，总有一个地方，我们在那里可以与他人一起享受生活的美好，也能够尽情释放自己的热情，享受他人的热情。当然，这么做的前提是我们必须有勇气，有勇气打破枷锁，有勇气走出人生的困厄，也有勇气融化心底的坚冰。

玛丽一直独身一人在大城市里生活，她已经习惯了这样的生活，回到家里自己开灯，关上门之后，根本不知道邻居家里住着谁。近来，玛丽又换工作了，她不得不搬到新租的公寓里生活。这对她而言也无所谓，毕竟哪怕是住了好几年的公寓，她也不认识所谓的邻居。

然而，才住了几天，玛丽就感到很烦恼，因为她的隔壁住着一个有两个孩子的家庭，其中还有一个小宝宝，夜里经常会哭泣，搅扰了玛丽的睡眠。为此，玛丽非常懊恼，后悔租住了这间公寓。一天，玛丽刚刚下班回家不久，突然停电了。玛丽摸索着点燃蜡烛，这时突然响起敲门声。玛丽很纳闷，因为她的家里从来没有客人到访，她想不清楚谁会在这个时候来敲门，因而紧张地打开门。门口站着一个半大的孩子，笑眯眯地问："阿姨，您有蜡烛吗？"玛丽一下子意识到是隔壁的孩子来借蜡烛，因而她毫不犹豫地拒绝道："没有。"不想，孩子非但没有离开，反而笑着从自己的口袋里拿出两根长长的崭新的蜡烛，说："哈哈，我就知道您没有蜡烛。给您，这是我妈妈让我送给您的。我是您的邻居，就住在您的隔壁。妈妈还说，您刚刚搬过来，如果缺少什么，就去我家里找。"转瞬间，玛丽觉得心里暖暖的，她不知道该说些什么，只好笑了笑。

为了报答这两根蜡烛的友好，玛丽次日下班特意买了很多水果，分了一半给邻居家的两个孩子。后来，孩子们的妈妈做了好吃的饭菜，也会让孩子送一些给玛丽，一来二去，玛丽居然觉得：有邻居真好，甚至比亲戚还好呢！

在这个事例中，玛丽的心原本已经习惯了城市的钢筋水泥，始终独居的她不愿意和任何人打交道，总是从公司的门进入家门，就再也不出门。幸好这次停电，才使她意识到了邻居的热忱，因而也渐渐打开心扉，让她愿意接纳他人走入她的生活，她也因为与邻居的相处，意识到人与人之间的距离也并没有那么遥远，人生是非常美好的。

要想打破孤独，我们就要学会积极主动地融入生活。大多数情况下，生活在城市里的人，比生活在农村的人更孤独，因为城市里的邻里关系前所未有地冷漠。作为现代的城市人，我们应该拥有开放的心态，巧妙地打破这种孤独。除了工作之外，我们还可以参加各种俱乐部，从而与更多的人相处，也渐渐习惯与陌生人相处。孤独使人堕落，朋友们，从现在开始，就让我们远离孤独，积极主动地融入生活之中吧！

坚持不懈地学习，才能跟上时代的步伐

现代社会发展迅速，也因为生存压力越来越大，竞争激烈，很多父母都望子成龙、盼女成凤，他们恨不得在孩子还没出娘胎时，就对孩子

进行各种教育，由此也导致孩子们面临巨大压力。很多孩子几个月就开始上亲子班，一两岁就被送去上托管班，还要上各种各样的兴趣班。毋庸置疑，父母对孩子用心培养是很好的，但是父母对孩子的拔苗助长，却不值得推荐。

我们的确需要学习，然而学习只有成为一件心甘情愿的事情，才能给我们的人生带来更加美好的体验。和被动的学习相比，主动的学习效果才能更好。尤其是对于成年人而言，自我教育会给我们带来非常美妙的感受和体验，也使人的学习事半功倍。

曾经，大学毕业生在求职市场上炙手可热。然而随着教育的普及，大学生再也不紧俏，面对遍地皆是的大学生，反而那些具有丰富经验和特殊技能的人，成为真正的受欢迎者。而且，在几十年前知识更新的速度很慢，但是现代社会知识更新的速度却非常快，很多大学生刚刚毕业，就发现自己学到的知识已经落伍了。的确，现代社会要求人们终身学习，尤其是对于新毕业的大学生而言，不但要积累经验，也同时要学习知识，才能避免落伍。

珍妮自从结婚有了孩子后，为了照顾家庭，她就放弃了自己的事业，辞职回到家里专心相夫教子。转眼之间，三年过去了，孩子已经两岁半，珍妮把孩子送到幼儿园，才发现自己的生活多么空虚。

每天，她送完孩子就去超市采购，然后回到家里打扫卫生，除了闲暇时候看看电视剧之外，她就只能做好饭等着丈夫回家享用，除此之外，根本没有任何兴趣爱好。意识到这一点之后，珍妮觉得很有危机感，归根结底，她还年轻，孩子终究会长大，而丈夫的事业也做得风生水起。

　　珍妮当机立断，针对自己的旅游专业，报名参加了一个培训班，她想转行做管理，毕竟有了孩子之后再也不能带团一走就走半个月了。在孩子刚上幼儿园的这半年时间里，珍妮一边帮助孩子更好地适应幼儿园生活，一边每天挤出时间来学习。等到孩子的幼儿园生活进入正轨后，她也如愿以偿地找到了新工作。看着珍妮转眼之间从全职主妇变成时尚达人和白领，丈夫不由得对她刮目相看，真心地说："亲爱的，我能够娶到你可真是三生有幸，古人云出得厅堂，入得厨房，一定就是说的你。"由此一来，珍妮不但重新开始了自己的事业，也赢得了丈夫极大的尊重和爱。

　　在这个事例中，珍妮和很多蓬头垢面的家庭主妇不同，她虽然为了孩子付出了自己的事业，但是她并没有放弃学习。尤其是在意识到自己这样会和生活、社会脱节，也会与丈夫之间形成不可弥补的差距，她马上就开始学习，努力充实自己，也为自己再次融入社会做好准备。所以，珍妮才能得到丈夫真心诚意的敬爱，也才能为自己的人生赢得更加美好的未来。

　　现代社会，每个人都需要学习。不管是作为全职家庭主妇，还是在学校里就读的大学生，抑或是已经有了一份很好工作的人，都必须坚持学习，才能与时俱进。每个人从呱呱坠地开始，就开始不断地学习。婴儿要学习走路、吃饭，成人要学习如何更好地生存，从而不断提升和完善自我。总而言之，只有学习，才能让我们跟上时代的脚步，也才能帮助我们避免被淘汰的厄运。

也许有很多人都说自己没时间，或者没机会学习，然而正如鲁迅先生所说的："时间就像海绵里的水，只要愿意挤还是有的。"而且，只要我们想学习，总是能够找到机会的。朋友们，就让我们争分夺秒地学习吧，只要我们愿意，一切都还来得及。就算是年纪很大的朋友，也可以活到老，学到老。这样，我们的心灵才能更加充实，我们的人生也才能扬帆远航。

品味孤独，与孤独和谐相处

很多人因为形只影单而感到孤独，还有些人虽然置身于热闹的地方、身边围绕着朋友，也会觉得孤单，这种孤独是发自内心的孤独。从心理学的角度而言，孤独是一种心理状态，所以它与形只影单的孤单有着显而易见的区别，孤独是内心的煎熬，很难排遣。假如一个人长期处于孤独之中，就会心理压抑，郁郁寡欢，甚至最终对生活失去兴趣，产生悲观厌世的心理。由此可见，孤独对人们心灵的啃噬是很严重的，也会导致恶劣的后果。

在人生的长河中，每个人都有机会感受孤独。当然，孤独并非总是可怕的，有时候孤独也会创造奇迹，诸如"落霞与孤鹜齐飞，秋水共长天一色"的绝美诗句，就来自作者的孤独。由此可见，我们并非总要做孤独的奴隶，受到孤独的奴役和伤害，我们也可以调整自身的心态，让自己与孤独和谐共处，甚至有可能也迸发出一些优美的词句来呢！

现代社会，看似每个角落都热闹无比，实际上人们因为浮躁，陷入了更加深刻的孤独，可以说孤独是现代人的通病，也是完全符合现代文明精神的"现代文明病"。无数的年轻人守在电视机前看着无聊的电视节目，或者捧着手机刷着朋友圈，看着花边新闻，就是不愿意和身边的亲人、朋友、爱人更好地交流，也不愿意花费更多的时间陪伴孩子。现代社会，最孤独的就数孩子，因为随着近几十年独生子女政策的推行，大多数孩子都是独苗，成长过程没有陪伴，而且平日里和父母也很少有交集。遗憾的是，他们已经习惯了孤独，所以在如今二胎政策完全放开的情况下，还有很多独生子女父母不愿意为了多养育一个孩子花费更多的时间和精力，这完全是深入骨髓的孤独。

孤独的人似乎被整个世界遗忘了，与此同时，他们也遗忘了整个世界。他们就像是游荡在外太空的生物，身边没有同类，也不被同类所惦记。当然，孤独毕竟不应该成为人生的常态。所以我们不但要学会品味孤独，享受孤独，乃至超越孤独，更要学会打破人与人之间的藩篱，使人与人相互依偎着取暖，就像刺猬一样保持着不远不近的距离，彻底赶走孤独。

自从爸爸去世后，丁丁把妈妈接到身边过了一段日子。然而，妈妈和丁丁以及准女婿亚飞住在一起，觉得很不自在。最重要的是，妈妈从老家长沙来到广州，也根本听不懂浓重的粤语。一个月之后，妈妈就坚持抱着爸爸的遗像回家了。

一次，丁丁从外地转机回广州，途中因为下了暴雨，滞留在长沙机场。看着暴雨如注，她突发奇想，决定先不走了，回家看看妈妈。就这

样，她拎着行李上了长途大巴，两个小时后，用随身带着的家的钥匙打开门：妈妈已经睡着了，但不是在床上，而是对着电视上的雪花点，蜷缩在沙发上。看着妈妈斑白的双鬓，丁丁泪流满面。自从妈妈逃离广州回到长沙，每次打电话，都告诉丁丁她生活充实，天天都很忙。这次，丁丁决定弄明白真相。她谎称自己次日早晨的飞机，等到妈妈目送她离开后，她却悄悄折返到楼下。果然，妈妈很快就拎着菜篮子下楼了，在市场转悠了一个小时，妈妈只买了一把青菜，就去了江边呆呆地坐着。她看着老年舞蹈队跳舞，吃着自己带来的苹果，神情满是落寞。直到中午前后，妈妈看到远处的座位上有一个中年女士，才非常亲热地走过去，开始肆无忌惮地说着什么。丁丁凑近了看，中年女士面前的牌子上写着："陪聊，每个小时二十元。"丁丁哭着站在妈妈面前，拉着妈妈回家，妈妈不知所措。

当天晚上，丁丁就订了两张去广州的机票，她决定无论如何，都要陪伴妈妈走完剩下的人生，不让妈妈感到孤独寂寞。爸爸在天上，看着妈妈幸福快乐，也该感到欣慰吧。

现代社会的发展，交通的便利，使得年轻人更加向往大城市的生活，而空巢独居的老人也越来越多。如果有个老伴做个伴，老人的日子还算好过，但是如果老伴也去世了，老人的日子就会变得非常孤独寂寞。遗憾的是，此时子女都已经有了各自的生活，很少有人能够守候在老人身边，或者感受到老人的落寞。每个人都会老去，包括现在的我们。因而，作为子女，我们一定要多多设身处地地为老人着想，这样才能在老人需要的时候，陪伴在老人身边。

当然，也有些人是喜欢孤独的。他们不愿意陷入生活的喧嚣之中，希望通过孤独的守望，更深刻地洞悉自己的心灵。正如唯物辩证主义所说，凡事都是有利也有弊的。孤独也是如此，我们要学会在一个人独处的时候享受和品味孤独，也要在感受到生命寂寥的时候，能够赶走孤独，还给自己鲜花遍地的绚烂心灵。

防止疲劳，常常休息

哈佛医学院的华特·坎农博士说："绝大多数人会觉得人的心脏每天不停地跳动，其实，心脏在每次收缩之后，它就会完全安静一段时间。当心脏按照正常速度每分钟跳70下时，它一天的工作时间仅有9小时，即它一天休息的总时数为15个小时。"我们以为心脏是每时每刻都在跳动的，原来它也会安静地休息一会儿。所以，女士们，我在这里建议你们：防止疲劳，坚持第一条原则——常常休息，在你感到疲倦之前就应该休息。

一个人身体疲劳积累的速度是异常快速的，美国陆军的多次测验证明，让经过多年军事训练的年轻人，抛下背包，每小时休息10分钟，行军速度会显著加快，而且持久的时间也更长。所以，美国陆军有了硬性的规定：行军1小时必须休息10分钟。人的心脏应该向美国陆军一样聪明，它每天应输送足够的血量来满足一个人全身的需要。它在24小时内所运用的能量足够将20吨煤运送到一个3尺高的平台，你的心脏可以完成

这么大的工作量，而且可以持续50年、70年甚至90年，如果没有休息，它怎么可以承受这惊人的工作量呢？

伊莲娜·罗斯福，曾任白宫第一夫人12年，她几乎每天都要应付许多繁琐的事情。不过，她休息的方法就是，每次接见一群人，或是需要发表一次演说之前，她都会坐在一把椅子上或者沙发上，闭眼休息20分钟。

女士们，让我们再来铭记一下，按照美国陆军的方法去做——经常休息，按照你心脏工作的方法去做：等到真正疲劳之前选择先休息，这样能够使我们保持旺盛的精力，青春永驻。

第08章
别把希望寄托在别人身上，
安全感是自己给的

很长一段时间以来，作为女人，不知道你是否考虑过一个问题，你为自己活过吗？结婚以后，女人会为了丈夫和孩子，放弃自己的爱好，放弃自己的朋友，放弃自己的事业，放弃一次次能让自己发展的机会……于是，丈夫在进步，孩子在进步，女人则在退步，当距离拉大的时候，女人的爱，女人的家还能继续朝前走多远？当然，这并不是说女人不应该为爱付出，而是女人一定要明白，安全感是自己给的，任何时候都千万不要放弃自己，给自己一个发展和充实的空间，让自己努力成长，这样的幸福才牢固！

隐藏优势，避免锋芒毕露

在办公室里，有些女人凡事都想表现得聪明一点，似乎只有这样才能凸显自己的价值。事实上，她想错了，自己表现得太过聪明，太过优秀，处处给人一种了不起的印象，最后却成为同事争相排挤的对象，而那些看起来傻头傻脑，说话做事都笨笨的人，却成为了同事们喜欢的对象，这是为什么呢？

在工作中，同事会不自觉地把你当成一个竞争对手，如果你处处表现得很优秀，锋芒毕露，同事们自然会感觉到你带来的威胁，无形之中，你就成为了他们讨厌的对象了。所以，与同事相处，不宜表现得太过优秀，即使你有天大的本领，也要懂得收敛，相反，为了打消同事心中的顾虑，不妨适当谦虚一些，说话千万不要自以为是，不要聪明反被聪明误。

学校组织开新学期教研会议时，头发花白的李老师就发牢骚了："为什么老是安排我们老教师上普通班，年轻老师上尖子班？你们是看不起我们吗？既然看不起就直接叫我们下岗算了，还留我们干嘛！"坐在旁边的年轻老师沉默了，小王老师作为主任组织了这次会议，他也低下头，默默地听着。李老师继续倚老卖老："你们这些年轻人、小毛头，别看不起我们这些老家伙！别以为你们文凭高，什么重点大学研究生的！我们在讲台上吐的口水都比你们多！二十年前，我们就站在讲台上教书了！说说看，二十年前你在干什么呢？！""二十年前我只读小学。"小王老师只能这么回答。

等李老师牢骚发完了，小王老师才说："这是上头领导这么安排的，我也只能这么做，不过以后在工作中有什么疑问，我们肯定会请教和遵循老前辈们意见的。"就这样散会了，后来，小王老师在那些老教师面前，就像个什么都不懂的小学生一样，故意暴露了自己的一些缺点，处处向老教师请教。而且无论做什么都维护老教师的意见。对于他们的犀利的发言与满腹的牢骚，小王老师从不反唇相讥。久而久之，老教师们也就没有什么意见了。

再后来，小王老师被调到更好的学校了。教研组的老教师们居然舍不得他走，李老师还满怀真诚地向其道歉。新上任的主任恰巧也是个年轻的老师，见此就询问如何处理与资历深的老同事的关系。小王老师就说："不要表现得太优秀，凡事装得笨一点，那么你就会受欢迎了。"

在上面这个故事中，我们不难看出小王老师为人处世的智慧，也许，在众多资历高的老同事面前，小王老师不过是个小人物。他明白，自己的工作要想做好，就必须打动这些老同事的心。于是，他扮演了一个不起眼的小人物的角色，在老同事面前适当暴露了"愚笨"的缺点，以此打消了同事心中的顾虑，以诚恳的态度赢得了同事的尊重，从而与之建立了和谐的人际关系。

当今社会，竞争日益激烈，每个人的智力也得到了空前的释放和开

发。在工作中，在办公室里，人们争先恐后地表现自己，梦想着出人头地、做出一番大事业。其实，如果你显山露水，争着炫耀自己，使出全身解数来成为同事妒羡的对象，那么当你的虚荣心不断膨胀的时候，你离失败也越来越近了，这就是锋芒毕露的下场。

因此，不管你是职场新人，还是已经在职场混迹了多年的老同事，不要太过于展现自己的锋芒，而是要懂得藏其锋芒，表现得愚笨一点，或者，适时表现自己的缺点，这样，你才能真正地融入到办公室这个大家庭，也才能打动同事的心。

在日常工作中，即使你真的才智出众，也要给人一副"愚笨"的印象，不要炫耀自己，取大舍小。因为只有厚积薄发才得以宁静致远，山间小溪虽然看似貌不惊人，最后却能纳入大海。在同事面前不要显露自己的聪明才智，不向同事夸耀自己，抬高自己，在他们面前扮演一个小人物，不抱怨，专心做好自己，在不显山不露水中获得成功。

办公室本就是是非之地，要想在这里获得一片自由的天地，我们就必须融入这个圈子，懂得藏锋，藏起自己的优势，适当暴露自己的一些缺点，以此来消除同事的心理戒备，这样，才能赢得同事的认可。

女人要记住，只有自己才是幸福的创造者

每个人都渴望获得幸福，尤其是女人，更是把幸福作为人生的目标。为了得到幸福，女人们或者成为女强人，或者到处搜寻成功的男人

作为幸福的希望和寄托，在此过程中，甚至有些女人把人生的希望完全寄托在男人身上，而忘记了自己的初心。不得不说，这样的女人已经忘记了生命存在的意义，更忘记了自己也是可以靠着双手创造幸福的。

热播电视剧《我的前半生》中，女主角罗子君就经历了一个失去自我后来又重新找回自我的过程。她之前非常享受全职太太悠闲惬意的生活，甚至对自己完全失去了信心，觉得自己一旦离婚，就会生不如死。直到在闺密唐晶和闺密男友贺涵的帮助下，她不得不鼓起勇气重新面对自己糟糕的人生，面对自己人生中的低谷，她才发现原来靠自己也可以活得精彩。最终，她不但赢得了男神的倾心，而且前夫也对她刮目相看。从罗子君的奋斗史中我们不难看出：一切的幸福都是要靠自己争取来的，正如剧中贺涵所说，没有人能依靠别人顺风顺水地过一辈子。所以女人都应该如同罗子君一样，尽管由奢入俭难，但是也要鼓起勇气，满怀信心地不断奋勇向前。

艾米曾经是一名全职太太，在家里相夫教子，为了让她轻松一些，老公还特意请了一位能干的保姆，负责照顾艾米和儿子的生活起居。每到节假日或者纪念日，老公总是想方设法准备各种礼物，艾米自己都曾经无数次告诉自己：我真好命，居然找了个这么好的老公。

然而，一次出差彻底改变了艾米的命运。就在那次出差过程中，艾米的老公和女上司发生了不正当关系，女上司铁腕强权，用尽手段，最终让艾米的老公提出了离婚。艾米得知消息时简直觉得天都塌下来了，她恳求老公不要离婚，而是努力给孩子一个完整的家庭，但是老公似乎心意已决，变得非常绝情。在老公的坚持下，艾米最终同意了离婚，虽

然她得到了孩子和房子车子，但是她的心却被掏空了。她一次又一次徘徊在生死边缘，想到年幼的儿子，又不得不放弃想要自杀的念头。在沉沦一段时间后，眼看着坐吃山空，而孩子用钱的地方又越来越多，因而艾米决定出去找工作，重新开始自力更生。想起自己大学时代一边学习，一边工作，艾米很有信心。然而，从全职家庭主妇到职场女性之间，艾米走过了很长的一段艰难历程，最终艾米不但成功适应职场，而且把事业做得风生水起。最终，艾米赢得了比前夫更优秀的男士的追求。

爱情的保鲜期是很短暂的，当爱情渐渐失去，在婚姻之中为了家庭付出更多也放弃更多的女人，必然面临很多的困境。在这种情况下，女人只凭着一味的苦苦哀求，是不可能让男人因为可怜她而回头的，相反，女人只有竭尽所能让自己保持自力更生，才能更加赢得男人的倾心。

很多人把结婚比作是女人的第二次投胎，的确婚姻是否成功的确对于女人影响很大，但并非所有女人都能在婚姻中找准自己的位置，从而把婚姻经营得更加圆满幸福。有很多女人在婚姻过半的时候，或者发现婚姻并非自己所期望的样子，或者被负心汉抛弃，无论如何，女人都要勇敢面对婚姻的变故，才能让自己成为命运的主宰，才能获得理想的人生。

女性朋友们一定要记住：幸福不是苦苦求来的，而是要靠着自己的努力创造和争取的。没有人有权利影响和决定你的人生，除了你自己。从现在开始，让我们掌好命运的舵，在人生的茫茫大海上扬帆起航吧！

别让自己的情绪被嫉妒者干扰

有一种人，他见不得身边的人比他好，比他优秀，好像他们天生就有眼红的毛病。如果你表现得比他出色，职位晋升得比他快，他的心里就会充满了嫉妒，血液里流淌着愤恨的因子。这样的一种心理促使他故意说一些风凉话，企图破坏你的心情；到处做小动作，希望破坏你的成功；在人前背后议论你的是非，试图毁坏你的良好形象。也许，在我们身边、在工作中，就存在着这样的人，让我们十分讨厌，却又奈何不了。有的女人遭遇到这样的人，就会恍然失措，如果不幸被他人的语言所伤还会嚎啕大哭，气质全失；有的女人遇到这样的人会气愤不已，做出同样的举动来报复对方；还有的女人面对这样的人，根本不会在意，嫣然一笑，仍然做着自己应该做的事情。虽然，不同的女人做出了不同的反应，但我们却不得不佩服第三种做法。因为嫉妒者的阴谋就是打击你的气势、破坏你的形象、毁坏你的心情，如果你作出前面两种鲁莽的行为，那只会让嫉妒者顺利成为你成功路上的绊脚石。所以，应做一个高情商的女人，控制自己的情绪，不受嫉妒者的干扰，不要让他人的嫉妒伤害自己。

阿珍和阿敏是大学同学，一起到同一家公司应聘，最后都被录取了。阿珍很高兴，与阿敏一起上下班，还一起租了房子。阿珍是一位农村姑娘，无论是学习还是工作都很用功，她希望凭着自己的能力改变命运；阿敏的家就在城市，平时喜欢吃喝玩乐，对工作总是缺少那份热情。

　　三个月过去了，阿珍的努力换来了回报，她被晋升为部门经理的助理，而阿敏还是在原地踏步，做一个普通的员工。阿珍被任命的那天，旁边的阿敏酸溜溜地说："看来从农村来的姑娘就是不一样，比我这土生土长的城里人有本事多了。"阿珍笑了笑，并没有说话，上下班还是和阿敏一起。后来，因为阿珍工作比较忙，经常加班到很晚，她就没有和阿敏一起下班了。但是，很快办公室里就有了新的传闻，据说阿珍是因为与部门经理关系特别亲密，所以才这么快就爬到了助理的位置。阿珍一个人在卫生间默默地流泪，她当然知道这是阿敏放出去的谣言，但想了一会，还是擦干眼泪，满脸微笑着面对办公室的同事。

　　很快到年底了，公司准备举办一次活动，作为负责人的部门经理把策划活动的这一重任交给了阿珍。阿珍亲自布置现场，一个人外出购买所需要的装饰品，编排出席活动人员的名单，还有活动的相关事宜。因为每天她都下班很晚，所以就决定跟阿敏分开住了。阿珍全身心投入到活动的策划中去，从来不理会办公室里的人在谈论什么，偶尔遇到了阿敏，她也会抱以友好的笑容。活动在大家的期盼中开展了，由于每一个环节都设计得很到位，所以获得了前所未有的成功。大家对阿珍的能力纷纷赞赏，阿敏还想开口说点什么，却发现大家已经不信任她了。

　　面对阿敏的嫉妒，阿珍虽然感到心里难过，但她并没有加以理会，而是对阿敏的行为报以微笑。相反，她把所有的精力投入到工作中，以实际行动来证明给别人看，证明自己并不是依靠着什么特殊关系晋升的职位，这也让谣言不攻而破。心中充满着嫉妒的阿敏再也无法取得别人的信任，她也为自己的行为付出了沉重的代价。每一个女人都要学会保护自己，特别是控制那些因为他人的言行而产生的不良情绪，不要让他人的嫉妒来伤害自己，做一个受人欣赏的女人。

告别软弱的乖乖女，掌控大局

在这个世界上，每个人的性格都是不一样的，有的人生性坚强，有的人生性软弱怯懦，还有的人畏畏缩缩，永远也不敢为自己代言。然而，生活是残酷的，我们并不会总是生活在父母的翼护之下。当我们独立面对生活，当我们成为某种局面的主宰者时，我们又该如何做呢？

也许有些人已经习惯了始终处于附属和从属的地位，他们被他人操控，并且对此习以为常。直到他们真正产生应该自己掌控局面的意识，他们才会发现这一切简直太糟糕了。

心理学家经过研究证实，过于深入的操控关系，最终会让被操控者失去信心。操纵者无论如何努力都无法使被操控者感到满意，最终也会渐渐失去耐心。由此，被操控者心中衍生出敌意，导致其与操控者之间的关系日渐紧张。最终，在剑拔弩张的关系里，他们全都受到伤害。当然，很多人对于这种操控与被操控的关系并无知觉，因而也就无所谓积极地改变。直到伤害发生，一切显然已经为时晚矣。

自从爸爸去世之后，王强一直和妈妈相依为命。从王强十岁开始，妈妈就独自一人抚养王强长大，因而对王强给予了很大的希望。

从小，王强就很懂事，也知道妈妈很不容易。因而，他不管什么事

情都对妈妈言听计从，直到他大学毕业开始交女朋友，这才与妈妈之间产生了矛盾和冲突。原来，王强喜欢一个很漂亮的女孩，那个女孩也对王强有好感，可谓两情相悦。但是，偏偏妈妈不喜欢这个女孩，她的理由是：女孩太漂亮了容易招蜂引蝶，不能好好地过日子。尽管王强再三告诉妈妈这个女孩非常优秀，也很诚实稳重，妈妈就是不同意。后来，王强不得不和这个女孩分手，顺从妈妈的心愿，与妈妈喜欢的一个女孩结了婚。

结婚之后，王强不想让妈妈伤心难过，所以与妻子安心本分地过日子。然而，等到妻子生下一个女孩后，妈妈居然又开始对儿媳不满意："要这样的媳妇干嘛，连个儿子都生不出来，简直是废物。"在妈妈几次三番这么说之后，王强终于按捺不住："现在都什么时代了，男孩女孩都一样。"妈妈突然变得歇斯底里："我不管，要是你媳妇三年之内不给我生孙子，你就必须和她离婚。你们老王家的根，不能到我这里就断了啊。"听到妈妈的胡言乱语，王强简直觉得无可奈何。

在这个事例中，妈妈对于王强的心态，就是典型的操纵心态。虽然妈妈独自一人把王强抚养长大，历经辛苦，但是如果妈妈总是这么干涉王强的个人生活，王强就会彻底被妈妈毁灭。在事例的最后，王强已经有了摆脱妈妈操控的意识，但是能否真正做到这一点，还需要他下定决心，付出更大的努力。现实生活中，这种因为性格软弱被操控的事例很常见，作为被操控者，一定要下定决心摆脱操控，毕竟人生短暂，每个人的人生只有一次。我们只有成为自己命运的主宰，才能真正地享受属于自己的人生。

朋友们，在漫长的人生路上，你们是否也曾是听话的乖宝宝呢？当然，听父母的劝说和建议，孝顺父母，这些都是必须的。但是我们必须具备自己的判断力，也能够根据自身情况做出最正确合理的选择。如果人生成为傀儡，那么生命还有什么意义呢！从现在开始，我们的人生，我们做主，朋友们快行动起来吧！

展现实力，一切靠实力说话

曾几何时，人们做生意根本不会四处宣传，而是仗着自己家的产品品质好，因而"酒香不怕巷子深"，等着顾客盈门。然而，随着时代的发展，虽然质量依然是产品能够畅销的硬性指标，但是营销也对产品是否畅销起到关键作用。酒再好，如果只是藏在巷子里，也会无人问津。好产品，除了要有好质量和很高的性价比之外，还必须加大力度宣传，尽人皆知，才能赢得更多人的认可。其实，人才又何尝不是这个道理呢！

一个人才，如果总是躲藏在角落中等待伯乐来识别自己，那么日久天长，忙得不可开交的伯乐一定很难找到这个角落。相反，假如我们能够主动展示自己，证明自己的优秀，这样才会有更多的机会得到伯乐的赏识。尤其是在职场上，很多职场人士抱怨上司不识人才，殊不知，上司并非不识人才，而是因为你隐藏太深，他根本没有机会认识你。换言之，尤其是在大公司里，有那么多的员工，上司怎么可能认识每一位

员工呢！不得不说，倘若一个员工工作很久，却始终没有走入上司的视野，那么就是这位员工的自我推销出现了问题，或者就是这位员工实在能力平平，毫无可圈可点之处。

现代职场竞争如此激烈，而且因为大学教育的普及，大学生也不再像以前那么炙手可热。有很多大学生面临一毕业就失业的状态，就是因为他们没有更好地表现自己。归根结底，学历只是一纸文凭，能力却是口说无凭。只有当我们切实证实自身的能力，我们才能证明自己的优秀，也才能在上司面前得到话语权。总而言之，现代职场一切都靠实力说话，朋友们，你们准备好展现自身的实力了吗？

读大学期间，小连是学校里著名的笑星，每逢有集会，他都会逗得全校同学哈哈大笑。大学毕业后，小连背井离乡来到遥远的北京打拼，进入一家公司从最基层的工作做起。眼看着到了年底，公司要举办年会，小连突发奇想，决定在这次年会上给大家留下深刻的印象。

在行政文员统计节目名单时，很多和小连一起初入公司的新人都连连推脱，谁也不想出风头，更不想因为自己能力不足而出丑。唯独小连，非但主动报名自己要唱歌，还四处宣扬说到时候一定有惊喜要奉献给大家。结果，小连在年会上不但表演了歌曲，还表演了好几个滑稽的魔术，弄得坐在台下的老总都问："这个哪个部门的，不当演员可惜了呀！"在别人的介绍下，老总一下子就记住了小连的名字。不得不说，小连的目的达到了。

正当和小连一起进入公司的新人们都对小连的表现不以为然时，小连的机会来了。原来，公司里有一个临时项目，因为去的地方比较艰苦，所以那些老员工都不愿意去。新员工呢，老总又担心他们吃不了苦。也不知道为何，老总突然想起小连，因而说："就让那个滑稽搞笑的小连去吧，他肯定能待得住。"就这样，小连被分派到那个遥远而又艰苦的工地工作，因为他生性乐观，居然在一年的时间里圆满完成了这个项目。

就如同很多干部在晋升之前要下乡镀金一样，小连一年之后完成项目回来，也得到了上司的提拔，成为项目负责人。

对于如此神速的晋升，小连很清楚，这都得益于他在去年的年会上不遗余力地推销自己。

虽然小连以在年会上搞笑的方式给大家留下了深刻的印象，看似与工作搭不上关系，但是却让老总知道了他的名字。这样一来，说不定哪一天老总脑海中灵光一闪，就想起了小连呢！

事实也的确如此，面对艰巨的项目任务，小连正是让老总记住了自己的名字，才会被点名去最艰苦的地方接受锤炼。毋庸置疑，付出总是有回报的，小连在付出之后，也理所当然地得到了丰厚的回报——他进入公司两年就成为项目经理。

在现代职场上，作为人才要想尽早出人头地，必须善于推销自己。尤其是要在关键人物面前展示自己的实力，帮助自己赢得一席之地，这样才能尽可能抓住机遇，发展自己，提高自己，最终成就自己。当然，正如我们前文所说的，刚入公司的新人尽管要表现自己，也不能锋芒毕露，否则就会招人嫉恨，反而起到事与愿违的效果。此外，表现自己的时候不要过于急功近利，要更加自然真诚，这样才能打动人心。

努力完善自我，实现自我价值

现代社会，人才辈出，也决定了职场上的竞争越来越激烈。在职场上，每个人都削尖了脑袋想往上爬，殊不知，一个人在职场上的地位，并非仅仅取决于其能钻营的程度，还取决于其价值。和几十年前的大锅饭不同，现在社会的每一家企业，再也没有所谓的大锅饭；每一个岗位，都要事先具有自身的价值，才有存在的理由。也正因为如此，现代社会的每个人都是一个萝卜一个坑，都要最大限度地发挥自己的能力，展示自己的价值，才能如愿以偿地决定自己的地位。

因而，要想在现代职场叱咤风云，不但要选择适合自己的工作，努力提升自己的能力，完善自身，还要学会怎样最大程度地实现自己的价值，为公司做出一定的贡献。所谓存在即合理，这句话虽然是真理，但是并不适用于现代职场。在现代职场上，存在的不一定是合理的，随着不断地优胜劣汰，存在的也有可能被淘汰。归根结底，只有有价值的存在，才是合理的，也才能得到他人的认可和尊重。

艾琳大学毕业后就进入现在的这家广告公司工作，由于她特别有创意，而且才思敏捷，很快她就成为策划部的重点栽培对象。很多时候，有了大项目，老总都会亲自钦点艾琳作为策划人。

然而，艾琳尽管在工作上表现非常出色，但是在待遇上却始终不上不下，不但职位没有晋升，连一点奖励都没有。原来，艾琳与她的顶头上司——策划部主管玛丽性格不合，彼此都看不上眼。玛丽之所以现在还留着艾琳，无非是想利用艾琳的才华，如若不然，她早就把艾琳从公司里排挤出去了。艾琳对此也心知肚明，不过官大一级压死人，她从未因此与玛丽正面冲突，而是更加努力地工作，暗暗等待机会扬眉吐气。

一次，玛丽亲自做了一个项目，并且在老总面前拍着胸脯保证一周之内就与客户签约。然而，眼看着两周的时间都过去了，玛丽始终没有拿下客户。眼看着老总火急火燎的，玛丽也着急了。无奈之下，她只好请艾琳帮她修缮策划案。艾琳对此暗自窃喜，却没有表现出来，而是推脱自己也很忙。直到玛丽低声下气地请求她，艾琳才提出了几个条件：首先，提高薪资待遇；其次，将自己作为项目负责人呈报给老总；最后，自己作为独立项目负责人，享有很大的自主权利。玛丽当然知道艾琳是在趁火打劫，不过她已经火烧眉毛了，根本无法提出异议，只能答应了艾琳的要求。从此之后，艾琳独自带领团队策划项目，很快就在老总那里得到了夸赞。后来，老总更是成立了策划二部，让艾琳与玛丽成为了平起平坐的同事和竞争对手。

在这个事例中，艾琳在羽翼没有丰满的时候，一直养精蓄锐，等待机会。后来，玛丽遇到难题，不得不向艾琳求助，艾琳正好借此机会将了玛丽一军，也让玛丽知道了她的厉害。对于艾琳，相信玛丽以后一定会敬畏三分，一则是因为艾琳在业务能力上的确出类拔萃，二则是因为艾琳非常聪明，能够找准时机为自己出口恶气。

人在职场，受到委屈是在所难免的。尤其是能力很强的人，更是因为树大招风，总是会遭到他人的嫉恨。所谓明枪易躲，暗箭难防，在这种情况下遭遇他人的陷害，就很容易受到伤害。假如我们能够更加沉着冷静，就像事例中的艾琳一样避免以卵击石，直到合适的机会才出手展

现自己，可谓聪明机智。

朋友们，在职场上，你们是否也会受到各种不公正的待遇呢？常言道，路遥知马力，日久见人心。任何时候，我们都不要自暴自弃，更不要急于求成。唯有潜下心来努力提升自己各个方面的能力，并且伺机寻找最恰到好处的机会，我们才能一鼓作气，证实自己的能力，也为自己赢得最佳的地位。归根结底，现代社会既不看人情和面子，也不会因为任何原因特殊眷顾某个人。我们要想出人头地，得到他人的认可和尊重，就必须最大限度地发挥自身的能力，从而帮助自己赢得更高的地位，也从而肩负起更重要的责任。

只有你自己才能掌握自己的命运

在生活中，很多时候，尤其是在感到无助而又无望的时候，我们想要借助他人的力量，希望他人伸出援助之手将自己解救出这种无助的状况。殊不知，别人根本无法改变你命运的轨迹，他人的帮助只能帮得了你一时，谁也不可能总是活在别人的庇护下。你的命运掌握在你自己的手中，只有你才能掌握自己的命运。

当你寻求别人帮助的时候，事情的主动权就已经掌握在别人的手中。这样很可能只是徒劳，对解决问题没有什么实际帮助。事实上，即使你找到了能帮助你解决问题的人，顺利解决了问题，但下次遇到同样的状况，你还是没有独立解决的能力，还是要依赖他人。长此以往，是对自己不负责任的一种表现。因此，你必须明白，想要改变命运，必须依靠自己的力量。

无法依靠他人的力量，面对生活给我们的考验，你是选择积极还是消极，是选择进取还是放弃，是选择微笑还是哭泣？如果选择消极、放弃和哭泣，那么你就失去了把握人生航向的权利，只能随波逐流。假如选择积极、微笑和进取，那么你终将依靠自己的力量，勇敢前行，与命运抗争，改变自己的人生。

生活总是这个样子，你如何选择，生活也会给你不同的反馈。心中充满美好，就能找到美好的事物，走向成功；思考不好的事情，你就会走向绝望的深渊。一定要记住，你有选择的权利。依靠自己，你有改变自己生活的力量。

1. 依靠自己，掌握命运

能够激发一个人的潜能的，不是外部力量，而是靠自己；不是依赖，而是自立，如果一个人总是想要依赖他人的力量获得成功，那么人生还有什么意义？比尔·盖茨说："依赖的习惯，是阻止人们走向成功的一个个绊脚石，要想成大事，你必须把它们一个个踢开。只有靠自己取得的成功，才是真正的成功。"成功与失败的最大区别就在于是否能够掌握自己的人生。没有人能够拯救你，只有你自己；没有人能够改变你，只有你自己；没有人能够击垮你，只有你自己；没有人能够战胜你，只有你自己。

2. 自信

只要不把你的命运交给别人，你就能决定自己的命运。学会自信，

不依靠别人，靠自己的力量，自己掌握自己的人生。

在人生的万里长河中，不管遇到何种困难和挫折，你能依靠的就是自己。相信自己有解决这些问题的能力。拥有了自信，你就能跨过任何的难关。充满自信，每天就能多些快乐，充满激情地面对每一天，相信自己，终将收获精彩人生。

3. 有主见

每个人都有自己的想法。当自己的想法与别人的想法不一致时，要注意别人所提的意见中可取的部分，不要轻易怀疑自己的正确性，要相信自己，但不要让别人的想法成为自己的主宰，也不要试图依靠他人的帮助来确定自己人生的抉择，要做一个有主见的女人，掌握自己的人生。若一个人连自己要做什么都不知道，何谈成功呢？

追求成功离不开自身的努力，改变人生只能靠我们自己，凡事不要依靠别人的帮助，不活在别人的保护下。只有依靠自己的力量，把握人生的航向，才能顺利地抵达成功的彼岸。

第09章

哪怕一个人，也要活得精致快乐

　　有人说，精致的女人就像一件高档的珠宝，熠熠生辉、细腻璀璨，让人爱不释手。精致，不一定需要高档的衣服、首饰或其他道具来塑造，更多的是一种生活态度。也许现在的你是一个人，但即使如此，你也可以活得精致：独处的时候，沏一壶茉莉花茶的时候，放两颗玫瑰，加一勺蜂蜜，这就是一种精致；品茶的时候，用自己心爱的瓷杯，或者透明的玻璃杯装上，而不是用一次性纸杯，这也是一种精致；每晚睡觉前，仔细地在镜前端详自己，并且高兴地想"我还是美丽的"，更是一种精致。因此，女人，你随时都要有认真生活和努力工作的态度，这样的女人才是精致的，才活得精彩。

女人要努力工作，更要享受生活

中国的文化崇尚工作至上，在这样文化的影响下，许多职场女性工作越来越拼，经常在办公室挑灯夜战，或者从来不出门旅游，这样拼命工作的人其实已经忽略了生活的美好，更何况工作得多并不意味着应该受到表彰或加薪。过度工作很有可能会降低自己的工作效率、消磨自己的创造力，甚至对你与家人和朋友的关系产生负面影响。

《杜拉拉升职记》中的杜拉拉也许是我们职场中的代表，她没有多少背景，受过良好的教育，全部靠个人的努力，当然，最终她取得了成功。仅仅从这个角度说，杜拉拉当然算是每个人的偶像，不过，尽管我们对杜拉拉的坚韧和成功十分敬佩，但我们若是从另外一个角度来看，这种拼命努力的工作狂和八面玲珑的为人处世却也不会是每个人都能做到的。或者可以说，这并不是每个人都想过的一种生活。对于我们大部分人而言，与其成为另外一个不要命式的工作狂，还不如做回自己，静心地享受生活。

生活中，那些工作狂为什么那么拼命地工作呢？他们最主要的目的就是挣钱，而挣钱为了什么呢？难道仅仅是因为让自己的生活更物质一些吗？在物欲横流的今天，越来越多的人物质充足，但其精神却很贫瘠，心灵无法得到休息。这主要是因为他们模糊了一个概念，挣钱的意义在于享受生活，而不是折腾生活。

王女士来自于偏远的山村，用光了家里所有的钱，挤进了大学的门槛，到大学毕业之后，她已经是负债累累。虽然，品学兼优的王女士通过老师的介绍获得了一份不错的工作，但她并不满足普通的职位，而且还有自己读书欠下的债成为了她拼命工作的动力。早上她是第一个到办公室，下班了，她却是最后一个离开办公室的。在无数个深夜，她孤身一个人待在办公室，思考一个企划案，或着手一个新产品的研发。当然，付出是有回报的，王女士很快晋升于管理层，不仅如此，她还清了所有的债务。就在这时，她结识了一位男士，组建了一个幸福美满的家庭。

这样看起来，王女士的生活算是美满幸福了，但王女士并没有放松下来。每天，她依然是公司最拼命的一个，丈夫每每抱怨："你已经很久没陪我们去公园了，我们一家人从来没去旅游过。"这时王女士总是以惯有的口吻说："我这样也不还是为了这个家。"丈夫辩解："可我们已经不缺什么了，孩子唯一缺的就是你，再富足的物质生活也比不上一家人在一起啊。"话还没说完，王女士已经穿好衣服出门了。

没想到加班到凌晨一点的王女士回到家里，竟然发现丈夫带着孩子走了，桌上只留下一个地址。第二天，王女士破天荒地向公司请了假，按照丈夫所给出的地址，没想到竟然是一处山清水秀的森林公园，远远地，王女士看到丈夫、孩子，还有自己白发苍苍的老母亲坐在一起，孩子嬉戏着，丈夫则和母亲聊着天。看着这样的景象，王女士的眼睛湿润

了，在那一刻，她明白了很多。

从此以后，王女士不再是拼命三郎了，她从自己工作的时间里抽出一部分陪家人和朋友，在这段时间里，她才发现生活是多么美好、多么轻松！

当一个女人拼命工作到忘记了家人和朋友，尽管她的物质生活是富足的，但其精神生活却是一片贫瘠，她的内在心灵更是一片荒芜的花园。

因为她不懂得享受生活，自然感受不到来自生活的快乐。工作的功利性目的是为了挣钱，但这并不是其最终的目的，享受生活才是挣钱的最终目的。

生活中，享受生活是人生的特殊体验，在越来越喧嚣的尘世中，我们逐渐背离了享受生活的本质。

在拼命工作的过程中，我们变得越来越提得起，放不下，为享受而享受，把挣钱、占有当作是享受的终极目的。这样一来，生活中感受到的是苦多乐少。

尽管，有激情有梦想是上天赐予自己的礼物，为自己热爱的事业而努力更不会是一种错误。但是，我们的休息也很重要，除去忙碌的工作时间以外，我们应该更多地享受生活，享受与家人朋友待在一起的感觉。这样我们才能收获更多来自心灵深处的快乐。

其实，享受生活是一种感知，职场女人在忙碌之余，要学会品味春华秋实、云卷云舒，一缕阳光、一江春水、一语问候、一叶秋意都是生活里醉人的点点滴滴。

女人，就要成为自己人生的主导者

每个女人都应该有一条自己该走的路，千人一面的人，是不会得到人们欣赏的，只有特立独行才能吸引人们的注意。许多女人不敢特立独行就是因为她们没有敢为天下先的勇气。抛开自己的成见，删除自己的怯弱，自己的人生还得自己来书写，不要成为和别人一样的人，为什么不将自己的特色展现出来，为什么不让自己的优点长处凸现出来？

许多年前，一位颇有分量的女性到美国罗纳州的一个学院给学生发表讲话。虽然，这个学院规模并不是很大，但这位女性的到来，使得本来不大的礼堂挤满了兴高采烈的学生，学生们都为有机会聆听这位大人物的演讲而兴奋不已。

经过州长的简单介绍，演讲者走到麦克风前，眼光对着下面的学生们，向左右扫视了一遍，然后开口说："我的生母是聋子，我不知道自己的父亲是谁，也不知道他是否还活在人间，我这辈子所拿到的第一份工作是到棉花田里做事。"

台下的学生们都呆住了，那位看上去很慈善的女人继续说："如果情况不尽如人意，我们总可以想办法加以改变。一个人若想改变眼前不幸或无法尽如人意的情况，只需要回答这样一个简单的问题。"接着，她以坚定的语气继续说："那就是我希望情况变成什么样，然后全身以投入，朝理想目标前进即可。"说完，她的脸上绽放出美丽的笑容："我的名字叫阿济·泰勒摩尔顿，今天我以美国唯一一位女财政部长的身份站在这里。"顿时，整个礼堂爆发出热烈的掌声。

　　阿济·泰勒摩尔顿是一位女性，一位生母是聋子、不知道亲身父亲是谁的女性，一位没有任何依靠、饱受生活磨难的女性，而恰恰是这位表面柔弱的女性，竟成为了美国唯一一位女财政部长。说到自己的成功，她却只是轻描淡写地说："我希望情况变成什么样，然后就全身心投入，朝理想目标前进即可。"

　　有雄心是一件好事，这说明有抱负，有宏伟的志向。有雄心的人会有坚强的意志去实现自己的目标，雄心会在潜意识中激发人的斗志。只要有雄心，目标就不再遥不可及。任何困难在有雄心的人们眼中都不是困难，而是成功路上的垫脚石，有了这些垫脚石，就能更快更容易取得成功。

　　有人说："积极创造人生，消极消耗人生。"或许，只有好心态的女人才能驾驭自己的人生，才能收获幸福与快乐。"心态决定命运"，自然，良好的心态必将带来好的命运，好的一生。

女人别和完美较劲，心境才能淡定从容

　　很多女人在生命之中都在追求绝对的完美，殊不知这个世界上根本不存在绝对的完美。一个女人哪怕有着倾国倾城的容貌，集天下万千宠爱于一身，她也绝不是完美的。每个人都是造物主咬掉一口的苹果，这一口是大还是小，决定了我们是否趋近于完美。然而，所谓的完美实际上只是一些假象而已，很多时候，完美的事物只存在于我们的想象之中，而我们是否快乐，也取决于我们能否接受自身的不完美。

很多女人都在和不完美较劲，她们怀着完美主义的心态，在潜意识里始终坚持不懈地追求完美，最终导致她们对于自身也感到很不满意，甚至抵触和排斥自己。不得不说，这样的不完美，恰恰是人生真实的存在，而一旦不被接受，就会被无限放大。相反，假如女性朋友们能够坦然面对自己的不完美，对于自己的缺点和不足绝不苛责，而是顺其自然，那么她们的心境才能淡定从容，对于人生也会有自己的理解和深刻感悟。

不管是在生活中还是工作中，一切都不会如同我们所期望的那样，完全朝着我们理想的方向发展。过于追求完美，对于女性朋友而言绝对是个沉重的负担，尤其是现代社会生存压力和发展压力都很大，完美主义者在面对千疮百孔的生活时只是全盘否定自己，对自己失望至极，甚至对自己产生怀疑。要想避免因为自己不够完美而自卑，就要降低对于现实的期望，接受现实的不足，从而避免急功近利，也尽量做到坦然面对生活。人生就是有些不完美的，甚至在我们期望中到来的幸福，也不会那么轰轰烈烈、十全十美。偶尔享受人生的小确幸，对于女性朋友而言，就是一种实实在在的幸福。

就像这个世界上的每一片土地，哪怕是精心修饰的花园也有可能长出杂草一样，人心也会有很多的遗憾和荒芜。在阿拉伯，很多人都熟悉一句谚语，那就是"月亮的脸上也有雀斑"。的确，这个世界上还有什么比月亮更皎洁的呢，既然月亮的脸上都有雀斑，那我们当然也就要接受金无足赤、人无完人的训诫，坦然接受自己的不完美，接受生活的

遗憾。就像一个人的长相一样，现在的中国人普遍以眼睛大、皮肤白皙等为美丽，但是有些西方国家的人偏偏喜欢那些眼睛细小狭长、脸颊上长满雀斑的女性，认为她们才代表着东方古典美。再如有些女性朋友在择偶时，也常常会选择眼睛小的男人，觉得他们更有男人味，而且笑起来眼睛眯缝着显得呆萌可爱。所以女性朋友们，千万不要再因为自己的皮肤不够白，或者觉得自己的长相不够漂亮、身材不够高挑而烦恼。只要你对自己满怀信心，你就会发现你是这个世界上独一无二的存在，而且你也终究会等到自己的白马王子。可以说，只有放下对完美执念的女人，才是真正洒脱和自信的完美女人。

首先，我们要悦纳自己，承认自己的不完美，接纳自己的不完美，甚至微笑着对待自己的不完美。当然，这样的不完美不仅仅指的是我们的身材相貌，也指的是我们生活和工作中面对的一切。其次，我们还要放宽心胸，不要过于苛责自己。有些女性朋友把自己的人生目标定得过高，不但踮起脚够不到，哪怕竭尽全力也不太可能实现，这样一来当然会让自己身心俱疲，甚至陷入深深的自卑之中无法自拔。再次，我们在宽容自己的同时，也要宽容他人，不要对于身边的人和事情过于苛责。既然我们已经认识到我们是不完美的，那么我们当然也要认识到他人也一定不完美。最后，我们还要避免处处争上。人生总是有着胜负输赢，包括我们和他人之间，也不可能大家完全都是一样的水平。在这种情况下，我们如果有能力，追求上进争第一当然无可厚非，但是如果我们明明知道自己能力不足，还要不择手段争取第一，那么我们就会最终陷入被动和尴尬之中，也让自己不堪重负。总而言之，每个人都有程度不同的完美主义倾向，但是我们也必须知道绝对的完美在这个世界上根本不存在。所谓凡事皆有度，我们在追求完美的过程中，也要把握适当的度，从而才能使自己的人生变得更加从容、淡然，趋于完美。

知足常乐，是幸福快乐的保障

人生在世，有很多人不知足。诸如没有房子的人，哪怕租来一间小小的平房，也觉得是莫大的幸福。尤其是夜幕降临时分或者是晨曦微露之时，从室外看着别人家里的灯光，心中总会引起无限的怅然和慨叹。然而，等到他们真正有了属于自己的房子，橘黄色的灯光已经无法引起他们心中的涟漪，他们更愿意得到更大的房子，甚至还想除了单车之外，再拥有一辆小汽车。尤其是女人，更是容易陷入欲望的深渊之中无法自拔，她们在一无所有的时候奢望自己能够拥有恋人，但是在有了恋人陪伴之后，却总是觉得恋人远远不如自己想象中的美好，因而她们奢望恋人变得更加美好，不但高，而且帅，最要紧的是还要很富足，能够供给她们想要的生活。最终，这些女人这山望着那山高，渐渐失去心灵的平静，也丢失掉了生活中最重要的东西。

女人应该知足，唯有知足才能常乐，也唯有知足才能安排好自己的生活，从而感到发自内心的满足。否则，女人的心也会变成一个无底洞，不管什么时候都无法装满幸福，更无法获得快乐。古人云，知足常乐，这句话是非常有道理的。

　　丽丽大学毕业就留在了这座繁华的大都市，并且找到了一份体面的工作，在外人看来，她拥有一份好工作，有着靓丽的外表，还有个对她好的男朋友，大家都很羡慕她。可是，不知道为什么，她总是闷闷不乐、郁郁寡欢。可是，经过一次事情之后，她心中的那些郁结都打开了。

　　那次，一个在深圳的朋友为了能让她快乐起来，就邀请她去深圳玩。千里跋涉，坐了一天一夜的火车，在一个阳光灿烂的清晨，灰头土脸的丽丽终于出现在来车站接她的朋友面前。看到朋友衣着得体，容光焕发的样子，她更觉自己的卑微。

　　和朋友见面后，朋友和丽丽聊起了自己刚来深圳的那段日子。那年，她独自一人来到这人生地不熟的大城市。初来乍到的她，东奔西跑了好多天，但却找不到一份工作，眼看带来的钱越来越少，她急得焦头烂额。这时，有个好心的人告诉她，某地有个叫张奶奶的老人，办了一个让外来打工人员临时居住的地方。在那儿住一个晚上只要20块钱，非常便宜！朋友找到了那里，住了下来。后来才在一个工厂找到一份活儿，做了几个月，觉得活儿重，又没多少钱，就不想做了。后来，有个工友说："你如果有那么三两万的，就去把当地人的出租房包下来，再租给来打工的人，做个二房东，运气好的话，还是能挣一些钱的。"受此点拨，她心动了。于是，从亲朋好友那儿借了一点，加上自己的一些私房钱，第一次包了一幢房子来管理。一年下来，除了开销还真挣到了两万多块钱。站稳脚跟后，她把老家下岗的哥哥和在家中务农的表姐表弟们都带出来了。

说着说着，朋友就带着丽丽来到她刚开始住的地方。到了那个地方后，丽丽看见一个弄堂，一扇大门大开着，简陋得有点零乱的房间里铺满了草席和被子。有几个妇女正席地而坐，在那儿边聊天，边打着毛衣，聊到高兴处还哈哈大笑起来。丽丽想，住在这有点像包身工住的地方，还笑得出来？真不明白她们是怎么想的。

　　丽丽忍不住就问其中一个妇女："你们出来打工，住这样的地方不觉得苦吗？"女人听了这没头没脑的话，就把丽丽上下打量了一下，才说："我不感到有什么苦呀，比起那些成天躺在床上、连吃饭拉屎都要靠别人的人，我不知要幸福多少倍！我有力气，能干活；能吃能睡，能说能笑。多好！"经过交谈才知道，女人来自贵州，先前是在一家医院侍候一位瘫痪病人，不久前那位病人过世了，又正逢要过年了，找不到事做，就住到这儿来了。　女人几句朴实无华的话确实让丽丽感动。

　　现在的丽丽已经变得开朗、快乐多了。时过境迁，她经常会想起那个贵州女人的话。

　　这个故事也告诉我们所有人，压力来自我们自身。幸福和快乐与否并不在于我们生活的环境有多好，也不在于金钱有多多，学识有多高。而在于我们的心境。心境好了，哪怕你一无所有，也会因为拥有清风明月而幸福快乐。就像那位贵州妇女，生活在那样艰苦的环境中，也能拥有欢笑，觉得自己是快乐幸福的。

　　知足的心，是我们得到幸福快乐的保障。任何时候，我们对于快乐都要更加从容淡然，这样我们才能拥有更多的幸福美好，也才能远离人生的困境。女人尤其要懂得知足，毕竟这个世界上的好东西很多，但

是绝不可能只被一个人拥有。正如人们常说的，当上帝为一个人关上一扇门，也必然为这个人打开一扇窗。由此可见，命运从来不会亏待任何人，关键在于我们要有知足的心，这样才能拥有快乐幸福的人生。

给自己一个真诚的微笑，让快乐充满心灵

常言道，一年之计在于春，一日之计在于晨。对于每个人而言，每天早晨的好心情，往往决定了一天之内的好心情，所以在早晨醒来之后，我们要做的就是远离起床气，不要愁眉不展，而是要睁开惺忪的睡眼，给镜子里的自己一个真诚的微笑。也许有些朋友会觉得这是形式主义，殊不知，这样的形式如果做得好，会让我们一天之内都愁眉舒展，心情美美哒。

不得不说，对于人生的每一天而言，也许会有很多重要的时刻，但是每天早晨起床后和晚上入睡前这两个时间，却是非常重要的时刻。这就像是语文里常用的括号一样，我们每天的早晨是左括号，晚上是右括号，如果开头和结尾都很愉快，那么我们这一天之内哪怕面对一些困难和突发的意外，也能够顺利解决，从而不把坏心情带到入睡。同样的道理，我们也唯有早晨起床就拥有好心情，我们这一天的心情才会拥有愉快的基调，从而心情愉悦。

大名鼎鼎的作家梭罗，每天早晨起床之后的第一件事情，就是告诉自己能够活着是非常幸运的事情，从而让自己对于生活心怀感激。实际

上，我们每个人都应该对于生命心怀感激，哪怕命运赐予我们再多的磨难，我们也应该为自己每天能够呼吸到新鲜的空气，闻到花的香味，吃到美味的食物，感受阳光的照耀，而心存感激。

实际上，命运并不总会对一个人残酷，每个人都能够得到命运的青睐，感受到命运的美好。每天清晨醒来，看到从窗帘中投射过来的阳光，我们会庆幸自己依然活着，也会感受到人生的美好。和朋友相处，哪怕是朋友一句漫不经心的关切，也会让我们感受到来自朋友的温暖。偶尔帮助了一个需要帮助的人，我们会更加深切地感受到自己存在的价值。总而言之，生命的意义在于我们的一举一动，我们唯有满怀感激地面对生活，也从不因为命运的残酷而抱怨，或者心生放弃之意，我们的人生才会更加丰满和厚重。

相比较男人的粗枝大叶，大多数女性朋友都是更加敏感细腻的。作为女人，为了更好地接纳和拥抱生活，我们必须学会遗忘那些不愉快的过往，从而每天早晨醒来时都对着镜子里的自己微笑，每天晚上入睡前，也能怀着愉快的心情。总而言之，要想成为一个快乐的人，我们必须学会选择性遗忘，从而更好地拥抱未来。尤其是对于那些生活的琐碎之事，我们更要坚决果断地说再见，而不要让那些情绪的垃圾堆积在自己的心里，导致自身郁郁寡欢。

很多朋友在年少时都曾经拥有无忧无虑的生活，也会情不自禁地吹起小口哨，愉悦自己的心情。如今，随着年岁的增长，我们的脸上不但爬上了皱纹，我们的心中也长满了野草。我们必须学会真正拥有生活的乐趣，而不要一味地伪装自己，假装快乐，因为快乐只靠着伪装，是不

可能长久拥有的。

女性朋友们，从现在就让快乐充满我们的心灵，也让我们的脸上始终挂着微笑吧。微笑，愉悦的不但是我们自己，也有他人。甚至当我们满面微笑，我们身边的人也会感受到积极向上的力量，从而与我们更加亲近起来呢！

掌握解除忧虑的四个步骤

每个人的情况都是不同的，所以每个人的忧虑也都是各不相同的，即便是同一个人，当处于不同时期，也会有不同的忧虑。我们要想让自己能够应对一切忧虑，那么就必须想办法认识忧虑的本质，从而拒绝忧虑。我曾经也受过忧虑的折磨，所以总结了一套认清忧虑的好办法，即先把所有的事情写下来，那么就能够很快地找到一个最好的解决问题的方法。

欧嘉·贾维住在爱达荷州一个漂亮的湖边，即便她在悲惨时依然可以战胜忧虑。八年半前，医生宣告欧嘉时日不多，她渐渐地被癌症吞噬着，她不得不相信这个残酷的事实，因为国内最著名的医生梅育兄弟证实了这个诊断。贾维瞬间绝望，自己还那么年轻，为什么死神就找上了自己呢？难道自己真的就快走到生命的尽头了吗？绝望的欧嘉忍不住给医生打电话，倾诉自己内心的绝望，没想到医生有些不耐烦地打断她的话："欧嘉，你怎么了？难道你就等着死亡降临吗？你的斗志消失得无影无踪了吗？假如你就这样一直哭泣，那你真的会死。确实，你现在的情况很糟糕，不过你依然要面对现实，而不是只是忧虑，你应该想办法去改变自己目前的处境。"听到医生的话，欧嘉狠狠地掐自己，直到把自己掐清醒。她下定决心，再也不要忧虑，不要哭泣，自己现在唯一需要做就是要勇敢地活下去，而且要战胜命运。

于是，欧嘉开始了漫长而又痛苦的治疗生涯。由于不能用镭照射，只能连续49天用X光照射，每天照射14分钟。尽管欧嘉已经瘦骨嶙峋，双腿和双脚如同灌了铅一般沉重，但她依然满脸笑容，一改过去忧虑、哭泣的脸。欧嘉当然不会相信微笑可以治愈自己的癌症，不过她坚信愉快的心情可以帮助身体抵抗疾病的侵蚀。最后，欧嘉经历了一次治愈癌症的奇迹。在过去的几年里，欧嘉的身体相当健康。假如你问是什么产生了奇迹，欧嘉会告诉你："面对现实！不再忧虑！想办法改变现实！"

女士们不妨把自己假设为第三方，以别人的身份来进行事实搜集，这样一来，我们就可以让自己保持客观、超然的态度了，同时有助于女士们克制自己的情绪；女士们可以把自己设置成对方律师的身份，然后再寻找和忧虑有关的事实，换而言之，女士们在搜集事实的时候也要搜集那些对你不利的，也就是和你希望相违背的或是你不愿意面对的事实。接着，你再把正反两方面的事实都写下来，这时你往往会发现，真相就在这一正一反之间。当然，并不是把所有的事实都搞清楚就能认识忧虑了，还需要加以分析，这样对我们拒绝忧虑才有帮助。

那么，女士们，让我们来总结一遍解除忧虑的四个步骤是什么。首

先问自己究竟在担心什么,然后写下答案;问自己该怎么办,然后写下答案;问自己决定怎么做,然后写下答案;问自己什么时候开始做,然后写下答案。然后逐一分析,如此你就不会感到忧虑了。

第10章 你要相信，你配得上世上所有美好的事物

对于女性来说，缺乏安全感是她们的共性，所以不少女人总习惯要求自己的男人如何如何。事实上，男人真的能为自己提供庇护吗？答案是"不一定"。因而女人必须要自信起来，不断地激励自己、挑战自己，让自己活得更有勇气、更有魄力。当你真正如此尝试的时候，你会发现自己配得上世上所有美好的事物。

青春短暂，女人要为自己的人生负责

在《我的前半生》里，陈俊生正式和罗子君开始离婚。这个平日里养尊处优的全职太太开始大哭大闹，甚至不知道自己的下半生如何活下去。她的妈妈也对她信心全无，还当着唐晶的面说子君也就是凭着年轻时的几分姿色，现在已经人到中年，年老色衰，如何独自生存下去呢！为此，妈妈不赞同子君离婚的主要原因，就是对子君没有信心，绝不相信子君凭借自己的能力也可以活得很好。的确，一个女人即使曾经青春美丽，迷倒一大片英俊潇洒的男人，但是随着时间的流逝，她们也必然年老色衰。就像罗子君，还没有到年老色衰的那一步，就已经被老公抛弃了。所以尽管她曾经把自己的青春岁月过得光鲜亮丽，但是最终的结果却依然是被抛弃，被放弃，根本不知道自己应该如何面对接下来的人生之路。

青春的时光非常短暂，除了少女时期，女人到了三十多岁，就已经韶华易逝，青春不再了。因而女人千万不要在年轻的时候只顾着美丽，而是要抓住青春时光，努力充实和提升自己，让自己绚烂绽放。如今打好经济基础已经不再是男人的工作，作为女人，同样也要为自己的人生负责，不能任由时光渐渐远去。

现代社会的女人，从地位上讲是比封建时代的传统女性高多了。毕竟现在女人也能撑起半边天，而且还能在家里和男人一样说了算。但是，女人有了更大的权利，也同时要承担起更重的责任。封建时代的女性讲究三从四德，人生的终极目标就是嫁个好丈夫，从此之后开始相夫教子的生活。但是现代社会的女性除了要照顾好丈夫，伺候好公婆，养育好孩子之外，更要在社会上与男人平分秋色，在职场上也拼搏出属于自己的一片天地。也就是说，解放了的女人其实并没有从家务活中解放出来，而只是又多了重要的社会角色。在这种情况下，如果男人能够帮助女人分担家庭重任尚且还好，如果男人依然遵循传统，对于家里的任何事情都绝不伸手帮忙，那么女人真的是分身乏术了。

每一个健康的人，对于人生都有着无限的渴望，同时充满了欲望，尤其是女人，总是希望得到更大的房子更好的车子，还有无数名牌的衣服和漂亮的鞋子、包包等。等到拼尽全力得到这一切，她们却已经容颜不再，不由地感慨有再多的钱也买不回青春岁月。人就是这样，失去什么，才懂得什么的可贵。很多人在生病之后，才懂得健康的可贵，在只有钱而没有感情之后，才知道真情是花多少钱都买不来的。然而，此时为时晚矣，人生已经错过了很多美丽的风景。

女人一定要善待自己，所谓善待自己，其实就是扮演好属于自己的角色。很多女人这山望着那山高，不是盲目羡慕他人的生活，就是对自己的一切都不感到满意。很多女人才二十几岁，就已经身兼数职，不但是职场精英，更是小鸟依人的妻子，嗷嗷待哺小婴儿的母亲，也是父母的女儿、公婆的媳妇。可想而知，女人要是真正的超人，才能同时兼顾

这几重角色。因而，女人们在忙碌的同时，一定要让自己劳逸结合，张弛有度，唯有保持身心健康，女人才能更好地面对未来，才能真正地把握自己的人生，掌控自己的命运。

从容优雅，是女人发自内心的气质

在漫长的生命旅程中，每个人都有自己的独特姿态，尤其是心思敏感细腻的女人，更是用自己与众不同的姿态示人，同时她们也用这样的姿态度过人生中的每一天。然而，到底哪一种姿态对于女人而言是最好的呢？关于这个问题的答案，仁者见仁，智者见智。不过大多数明智的女人都觉得，从容优雅是适合于任何女人的姿态，而且是最好的姿态。

不可否认，生命有时候常常使人觉得局促。每个人在人生的历程中都不可能做到一帆风顺，而经历风雨坎坷和泥泞才是人生的常态。人生的有些苦难是可以预期的，但是人生之中更多的灾祸则是不期而至，使人们措手不及。在这种情况下，女人如何保持从容优雅呢？这也恰恰是很多女人的误区所在。很多女人都觉得只有衣食无忧的生活，才能与从容优雅扯上关系，而一旦生活局促，从容优雅也就不复存在。实际上，从容优雅从来不是有钱人的专利，更不是在优渥的生活环境中伪装出来的。真正的从容优雅，是发自内心的气质，是女人淡定平和的心的外在表现。

从容的女人就像是一杯格调高雅的咖啡，又像是一杯心平气和的清茶。不管喝它们的人是谁，它们从来不会改变自己，而是就这样淡然地在沸水之中绽放着。真正从容优雅的女人，越是在艰苦卓绝的环境中，越是能够积极面对，决不悲戚和抱怨，也不暗自放弃和沉沦。如果说充满激情的女人如同绽放的牡丹，那么从容优雅的女人更像是波澜不惊的君子兰，我自绽放，而不管他人是否欣赏或者是否喜爱。发自内心的从容优雅，使女人为自己而活，而绝不为了任何原因苟且。生活哪怕无比艰辛，她们的心中也有诗和远方，这使她们不管身处何种境遇，依然能够奔向美好的未来。

在所有的女艺人中，漂亮的女艺人不在少数，但是真正配得上从容优雅这四个字的，当属赵雅芝。很多亲眼见过赵雅芝的人，都无一不被她的从容优雅所折服。她之所以成为不老的女神，除了各种护肤品、保养品的功劳外，主要是因为她内心一直保持淡然。正因为如此，每次赵雅芝在公开场合亮相之时，才有那么多人发自内心的喜欢和欣赏她。对于自己的养生秘诀，赵雅芝也告诉大家，要多吃清淡的食物，偶尔也会吃甜食，虽然冒着发胖的危险，但是却让自己心情愉悦。所谓笑一笑，十年少，还是很有道理的。然而，不管吃什么还是喝什么，对于赵雅芝而言，从容不迫的心态，才是帮助她青春永驻的秘诀。

很多女星害怕生孩子会使自己身材走样，然而作为三个孩子的妈妈，赵雅芝从艺三十年，从来不会感到局促不安。她还是老公心目中最贤惠的妻子，她经常带着老公和孩子参加公众活动，不得不说，赵雅芝之所以能把事业与家庭平衡得这么好，这与她的从容是密不可分的。生活处于均衡状态的赵雅芝，才会如此快乐、满足和充实。

从容优雅的女人往往心态端正，非常成熟，哪怕在复杂的社交生活中，她们也能够以自身极高的素质和涵养，做出最佳的表现。此外，她们往往是德艺双馨的，不仅具有能力和实力，而且品德高尚，宠辱不惊。正是这样的淡然，才成就了她们的璀璨夺目。

自信，是女人最耀眼的魅力所在

自信，是女人最好的化妆品，它一点一点装点着女人生命的美丽。女人有了自信，才能由内而外散发出知性的魅力。自信的女人，走路时不会扭扭捏捏而是坚定有力，脸上从容不迫的表情告诉我们她的自信所在；自信的女人，无论她是坐在高雅的西餐厅还是路边的大排档，依然微笑着绽放自己的魅力；自信的女人，说话做事从来不会犹豫不决，通常都是果断地下决定，淡定而从容。自信的女人最美丽，无论家庭、事业、交际，都能一帆风顺，即便是偶尔出现的困难和打击，都会在她们自信的举手投足之间迎刃而解。女人只要拥有了自信，便拥有了独立的思想，有了正确的人生观，她们往往能清楚地知道自己想要什么，能要什么。也许，她们并没有美丽的容颜，但是她那种由内而外散发出来的美丽，已经完全征服了人们。魅力女人，相信自己是唯一的，是无人可替代的，当你拥有了自信，你就变得美丽动人，你的人生路上也会开满绚丽多彩的花朵。

有的女人太过娇弱依赖，对于自己的事情常常拿不定主意，这样的女人是不被人们所接受的。自信，则可以慢慢削减娇弱的气质，逐渐使女人变得独立起来，甚至使她们在自己的事业上能够独当一面。自信并不是强悍，而是一种落落大方的态度，当女人拥有了自信，她就会在待人接物方面表现得得体大方，处理事情也不会拖泥带水，在任何时候都会有自己的观点和想法。因此，这样自信满满的女人，通常会受到人们的尊重。自信的女人，并不是国色天香，也不是闭月羞花，她们甚至可能是相貌平平，但是，因为那份与生俱来的自信，使她们变得光彩照人，变得知性优雅。所以，无论她们身处哪里，都将成为最瞩目的焦点，而且永远不会因为青春容颜不再而失去自己的魅力。

小娜是一位时尚模特，她的容颜在众多佳丽中并不算是最出色的，但是她却凭着自己优雅的气质而屡次登上各大时尚周刊的封面。在平时的日常生活中，她总是素面朝天，打扮得像邻家妹妹。她不像众多明星那样，她既不喜欢泡夜店，也不喜欢待在酒吧，她最喜欢待的地方居然是图书馆。她坦言，自己当初无意间踏入了模特这个领域，耽误了自己的学业，这是她最大的遗憾。因此，她在工作之余，总是会多看一些书，充充电。正是这样内外兼修的她，才能够如此自信地站在镁光灯下，迎接人们赞叹的目光。

实际上，小娜是26岁才正式走红的，她从来没有隐瞒过自己的年龄，她说："也许我这个年龄是有些晚了，但女人越成熟才越有魅力。当年我也是一个不自信的女孩，不相信自己会成功，觉得自己没有别人漂亮，也没有别人有个性。"小娜认为一个美丽的女人首先就要有自信："我觉得自信的女人最美丽，她们容易散发出吸引人的气质，我也

经常被有自信的女人吸引，希望自己能够像她们一样。"

当谈到让自己重新拥有自信的原因，小娜说那就是相信自己："我觉得每个女人的美丽都是独一无二的，无论她的外貌如何，只要充满了自信，就可以由内而外散发出美丽的气息。"

正是小娜的自信铸就了她无与伦比的美丽，自信就是她最好的一张脸。自信的女人，不一定是女强人，她可以是柔弱的，也可以是坚强的。自信的女人，总是游刃有余地展现出自己的美丽，那一份坦诚与爽朗，那一种长袖善舞的风姿，都是源于一份自信的洒脱。

自信的女人，不一定会拥有自己的事业。但一旦她们拥有了自己的事业，就一定能够在职场中挥洒自如，在上司和下级面前表现出自己卓越的工作能力。而那些不自信的女人，则会浓妆艳抹地奔波于各种场所，她们没有勇气让自己素面朝天；不自信的女人，在遭遇困扰挫折之际，只会买醉于酒吧里；不自信的女人，她们总是疑神疑鬼，胡乱的猜测，嫉妒的眼神，让她们亲手毁掉了自己的幸福。因此，要想做一个有魅力的女人，做一个幸福的女人，那么就先学会做一个自信的女人吧。

当然，自信并不等于自负，自负是建立在一定资本上的，或是容貌出众，或是才智过人，或是家庭背景显赫，因为有着足够的资本所以显得自负。而自信的女人，可能是一无所有。于是，自负的女人习惯于目空一切，总是显示出高高在上的姿态；而自信的女人，则会多了一份平和之气，多了宽容，多了亲切。所以，人们对自负的女人总是敬而远之，对自信的女人则愿意与其接近。即便是自信的女人一无所有，可她却拥有一份无价的财富，那就是自信。这样一份特别的财富，不会被外人所抢夺，会永远属于自己，成为自己最耀眼的魅力所在。

充实自己，唯有知识能留住女人的美丽

我们经常会听到那些流传已久的话：二十岁的女人的美丽是父母给的；三十岁的女人的美丽，一半是父母给的，一半是自己的；而四十岁以上的女人的魅力全是自己的。女士朋友们，我想对留住美丽而言，知识远远比金钱更重要。年轻的女士可以任意挥霍着青春与美丽，不用化妆也充满魅力。一旦经过无情岁月的洗涤，容颜变得苍老，魅力就将不复存在。女士们，哪怕终日忙碌，也不要忘记充实自己，永葆自己的魅力。

现实生活中，优秀的女人越来越多，而社会知识更新却越来越快，如果不及时充实自己，丰富自己。作为女人，我们很快就会变成一个营养不良的女人，会逐渐被社会所淘汰。女人应该不断地充实自己，如果你不想做外表光鲜而里面空空的花瓶，如果你不想做让人讨厌的黄脸婆，那么就要学会不断地为自己"充电"。当然，充实自己的方法很多，并不只是简单地看书学习，你可以欣赏一部出色的电影，可以不时地翻阅一些时尚杂志，可以重拾早已经落下的英文。只有不断地充实自己，你才能在纷繁复杂的生活中游刃有余，潇洒自如，才能使你的生活变得丰富多彩。

有一位36岁的露易丝女士，她是一位孜孜不倦追求自我的人，在她

身上，你会领悟到更多。

露易丝女士在大学修的是法律专业，不过阴差阳错，她却成为一名计算机程序员。大学刚刚毕业时，她对未来充满无限憧憬，年轻自信的她以为一切皆有可能。不过，由于缺乏实际经验以及对社会的了解，她对未来的职业规划没有一个清晰的目标，甚至没有过多的计划。

好在比较幸运，露易丝没有太多波折就找到了第一份工作——法律顾问。工作比较清闲，薪水也在预期之内。但不幸的是，这家公司在一年之后就关门大吉了。露易丝又开始寻找工作，这一次她没有像第一次那样幸运，她只找到了一份文员的工作。年轻气盛的露易丝在试用期未满三个月时，便主动辞职。之后，露易丝一直在不断寻找，不断地尝试新工作，然后又不断地辞职。

在露易丝27岁的时候，她又尝试了一份新工作，成为哈斯特软件公司的策划助理。找到这份工作之后，她觉得自己再也不能像以前那样敷衍着过日子了，所以她在这份工作中非常努力。渐渐地，露易丝开始向身边的同事请教编写软件的基本知识，由于她对软件技术的热爱，使得上司对她注意了起来。得到上司的认可之后，她从助理破格提升为公司办公室自动化软件开发团队的一员，并开始设计一些简单的页面。在我们看来，露易丝对工作的态度有了很大的转变，而且职位也有所上升。不过，露易丝女士本人却不满足于此，她感觉到自己的技术不全面也是业余的，于是向老板提出辞职，决定重新回学校学习系统的软件开发知识。

在接下来的日子里，露易丝用自己之前工作的积蓄自费到圣诺里斯大学计算机系进行为期两年的学习。学成之后，她在当地一家知名的软件公司找到一份不错的工作。没过多久，由她开发的软件被一家企业看重，这使她收获了一笔不小的收入。当然，她也备受上司的器重，职位不断晋升。

通过人生的这些经历，露易丝女士终于明白，只有不断充实自己，不断更新、提升自己，才能成就属于自己的未来。

露易丝女士算是一个老资格程序员了，尽管也陆续换过很多份工作，也曾经在职业转换中迷失过方向。不过，最后她因充实自己，总算找到适合自己的职业。

伟大的科学家爱因斯坦曾说："很多事都因为准备不足，才导致失败。"我想这句话可以作为那些屡次达不到目的、实现不了目标的失败者的墓志铭。女士们，不断充实自己，准备充分，才会取得成功。

还有一个这样的小故事：

老鼠爸爸在一个漆黑的夜晚带着儿子出去寻找食物，没过多久，两父子在一家餐厅后巷的垃圾桶里找到了许多残留的剩菜剩饭。对它们来说，这确实算得上一笔意外的财富。不过，就在它们打算大吃一顿时，忽然传来了一个令他们胆战心惊的声音——"喵"。它们还来不及多想，就开始四处逃命。不过，这只猫也不是吃素的，一直对小老鼠穷追猛打，害得它没了出路，一下子被猫逮住了。正当猫要对小老鼠进行撕咬时，忽然传来了一阵狗吠的声音，猫受到了惊吓，一溜烟跑了。

猫走后，老鼠爸爸慢吞吞地从垃圾桶后面走出来，对儿子说："你看，我早就对你说过，多学一种语言对我们来说总是有用的，这次就是

因为如此救了你一命。所以，必须记住，多学一门本领，你就能多走一条路。"

这听起来像是一个可笑的故事，不过对所有的女士朋友们还是有所启发的：多学习，总是百利而无一害的。职业女性，要懂得充实自己的内心，当你拥有了丰富的内心，丰厚的知识，你就拥有了属于自己的一片天空。做一个不断进取的女人，一个不断充实自己的女人，使自己越来越完美，向幸福不断地迈进。一个女人，只有在不断的学习中才能取得进步，才能获得成功，才能收获幸福。

对职业女性来说，养心比养颜更重要，容颜会被岁月无情地摧毁，但心却不会。只要你每天多读书，及时补充精神营养，滋润即将干枯的心灵，不断地充实自己，增强自己的实力，那么，你将永远不会被社会淘汰。在工作之余，你可以欣赏轻松的音乐，你可以读读别人的文章，你可以听听别人的故事，汲取自己所需要的养分。当你已经不再年轻，不再漂亮，你就会意识到那些看似不经意的积累却是你一生用不完的财富。

让魅力闪光，做最好的自己

莎士比亚有一句名言："世界是一个大舞台，每个人都扮演一个重要的角色。"的确，一个人要想赢得家庭成员的尊重，就必须先明确自己在家庭中的角色；一个人要想在社会上获得成功，就必须要确定自己在社会上的角色。一个人只有正确认识自己，让自己做的更好，才能收获好的评价，才能用自己的魅力赢取更高的人气。所以说，女性朋友们一定要坚信，专心致志地做好自己的事，做最好的自己。做到以下几点你就能在不知不觉中超越众人，跨越平庸的鸿沟，在众人中脱颖而出。

1. 正确认识自己

把自己估计过高，会脱离现实，守着幻想度日，怨天尤人，怀才不遇，结果小事不去做，大事做不来，一事无成；把自己估计过低，会产生强烈的自卑感，导致自暴自弃，明明能干得很好的事，也不敢去试，最后抱怨终生。因此，认识自己非常重要。

2. 发现自己的闪光点

每个人都有自己的优势，这一优势能为你指引前进的方向，而不至于南辕北辙。其实，正确认识自己不单单是要发现自己的优缺点，还要根据我们的"发现"来选择一条属于自己的道路，这才是成功的保障。

3. 不断完善自己

不断努力完善自己，你就需要树立远大的目标，拥有一颗积极向上的心。明确的目标加上积极的心态，这是一切成功的起点。如果我们的目标确定了，其他的成功因素也会随时发挥作用，为我们的目标贡献力量。我们能在内心构思和信任什么，那么就能通过自己积极的心态去获取什么。

4. 超越自己，做到更好

女人要记得超越自我、勇于创新，敢于向历史挑战，敢于向现在挑战，敢于向未来挑战，这是一种勇气，更是一种力量。只要我们用实际

行动不断地努力，不断地超越自己，就能在自己的人生中创造出价值，取得更大的成功。当你的力量足够强大的时候，你的魅力也会不断提升，你在交际中也会越来越顺利。

上天绝不会亏待任何一个人，上天会给我们每个人无穷无尽的机会去充分发挥所长。只要我们能将潜能发挥得当，我们也能成为下一个爱因斯坦。无论别人对我们评价如何，无论我们面前有多大阻力，只要我们相信自己，相信自己的潜能，我们就能有所成就。

勇于改变，你才会变得更优秀

我们需要改变，我们不仅仅要把自己的缺陷弥补好，我们还要把自己变得更加优秀，在自己的一生中创造更多的不可能。有一颗敢于改变自己的心，你才能不怕前方的荆棘，你才有不断前进的勇气，你才有改变环境的魄力。

有位影评家曾这样评价查里斯："好莱坞向这个年轻人敞开大门，倘非绝后，那肯定也是空前的！"想必这其中也有着一段丰富的故事。

查里斯出生时，大夫告诉他的母亲："趁现在还来得及，最好送他到福利院去。"查里斯没去那儿，但家里却为此吃足了苦头。快3岁时，他才摇摇晃晃地会走第一步；整整一个冬天，他的两个姐姐带他坐在一面大镜子前，抓着他的手点着自己的鼻子，问他："这是什么？""嘴巴。"更糟的是，包括他父母亲在内，很少有人能听懂他说的话。4岁那年，他被送往"肯尼迪儿童中心"学习。在那儿，他终于有了长足的进步。一天，他捧回一个刻着"Cheerios"字样的盒子给母亲："看，上面有我的名字！"（他的名字为：Cheeris）母亲高兴得流下了眼泪。

一天下午——那年他正好8岁，他翻出一本旧的照相本，里面有他的两个姐姐幼年时在电视广告中的剧照。他一下给迷住了，痴痴地一再嚷道："我要……我也要上电视。"他的父亲忧心忡忡地劝道："我实在看不出有这种可能性。"

查里斯却从没忘怀他的梦，一有空，他便一遍遍地借助着录像带练习唱歌和跳舞。4年后，机会终于来了。他在学校的圣诞晚会上扮演一个牧羊人，唯一的一句台词是："嗨，真逗！"为这句话，他反复练习了两个多星期，连在梦中也念叨不已。

演出的那天，观众席上的一位来宾听说了这件事。"真逗！"他对自己说。又过了10年，一位好莱坞制片人准备推出一部肥皂剧的时候，发现还少个跑龙套的角色。他抓起电话，"嗨，小伙子，对好莱坞还有兴趣吗？"千里之外，查里斯热情洋溢的声音顿时打消了他的疑虑。"好莱坞？太棒了！要知道我没有一天不想它呢！"

这样，当查里斯22岁那年，他第一次来到了好莱坞，和那些大明星在一起，他感到无比高兴和激动，说话也变得流畅自然了。

电视剧原定于1987年9月播出，然而全美电视网联播公司拒绝购买播映权。查里斯的梦幻破灭了。

他又回到了原先工作过的单位。到1988年，他已有了令人羡慕的固定薪水。他的家人和一些朋友都为之欣慰。他们一再对他说："你必须

所谓成长，
就是教你学会坚强

164

忘掉那些关于好莱坞的陈词滥调，那扇门不会向你打开的！"

但查里斯深信，门会开的。

好莱坞也没忘记他。不少人都说："让这个迷人的小伙子离开银幕太可惜了，何不再安排一次机会让他碰碰运气呢？"于是，一个编剧专门为他写了一部家庭伦理片。剧中父子两人——儿子像查里斯一样，患有先天性残疾——相濡以沫，共渡艰难人生。正式开拍那天，查里斯站在摄影机前，泪流满面。他想起了自己坎坷不平的人生道路，想起了父母亲过早花白的头发，想起了无数帮助过自己的认识的和不认识的朋友，更想起了那些在疯人院中孤苦无助的同龄人。他泣不成声地对"父亲"道："天真黑！爸爸，拉我一把。你的手会给我温暖和勇气。让我们手拉手，共同走完这条人生路上泥泞的短暂的隧道……"

查里斯成功了。所有的评论都说："这部影片可能不是最出色的，但肯定是最感人的。"一夜间，查里斯成了人们的偶像，信件铺天盖地般涌来。一个中学生来信说："我今年17岁，和你一样，我也患有严重的残疾，你是我心中的英雄，是你，改变了我的生活。"

"我不是英雄，"查里斯告诉他，"我只是努力去改变自己。也许，生活也因此一天天地变得更美好了。"

只要你敢想、敢做、敢改变，那么你就是一个成功者。托尔斯泰曾说："世界上只有两种人，一种是观望者，一种是行动者。大多数人都想改变这个世界，但没有人想改变自己。"是啊，从此刻开始，行动起来吧，让我们不断迸发前进的力量，把我们的明天变得更加美好。

第11章

善待自己，给心灵一个出口

　　生活中的女人似乎永远是一只忙碌的小蚂蚁，她们总是脚步匆匆，心事重重。她们为工作、为家庭牺牲得太多太多，从原来的出水芙蓉，到现在的明日黄花，有些女人甚至是心力交瘁，而其实，这是因为她们不懂得放松自己。每个女人在现实生活中都要学会自我调节，要拿得起放得下，工作的时候努力工作，玩的时候就尽情地玩。想打扮就打扮，想吃就吃，想睡就睡，随心所欲。人生在世难得几回醉？每个女人都要学会善待自己，学会享受生活。

女人善待自己，才能让魅力无限延续

面对激烈的竞争环境、紧张的生活节奏和复杂的人际关系，作为女人，首先要学会的就是善待自己。

女人，只有学会善待自己，生活才会更加丰富多彩；女人，只有学会善待自己，生活才会多些快乐、少些烦恼；女人，只有学会善待自己，才能体味到百味人生。善待他人，善待自己，活得更轻松，生活中有很多往日被忽略的幸福等着我们去发现。

如果工作和生活的压力让你觉得不堪重负，你可以给自己安排一些休息的时间，着手去做自己喜欢的事情。若是目前没有时间安排，你可以在脑海中想想那些曾经看过、经历过的美好，如高山、如流水，那些令自己感动的瞬间等，以达到放松精神、轻松生活的目的。

放松有助于减轻压力，带给你安详平和的心境。抛开烦恼，让自己全身心放松，将自己从压力的包围中解救出来，让自己获得内心的宁静，放松一下，你的生活将会有很大改变。

弗兰克林曾经说过："当你善待别人的时候，你就是在善待自己。"所以，从现在起，女人要学会善待自己，掌握好自己的人生。在爱情婚姻中，留一份信任与清醒；在职场中，留一些执着与坚持；

在浮躁的社会里，给内心留一些宁静。只有如此，女人的人生才会精彩华丽！

1. 善待自己，让自己快乐一些

当你情绪不佳的时候，可以选择合适的发泄方式，如尖叫、转移注意力、忙碌起来等，善待自己，自己获得快乐才是最重要的，快乐一直在我们的内心。

想发脾气的时候，回想一下那些令你开心的事情，眼前的困境就没什么大不了，一切终将过去。忘掉那些令你不快乐的人和事，把握现在，让自己快乐一些。

2. 善待自己，充实自己

时代在前进，社会也在不断进步。生活在这个经济高速发展的时代，我们想要不被社会抛弃，就需要不断充实自己。一个只注重自己外表，而忽略自己内在的人，很容易给人华而不实的感觉。善待自己的女人会不断学习，不断充实自己，提升自己的道德修养，不断超越自我，获得成功，让人生没有遗憾。

3. 善待自己，充满自信

古龙曾说："自信是女人最好的装饰品。一个没有信心，没有希望的女人，就算她长得不难看，也绝不会有那令人心动的吸引力。"自信对女人是十分重要的。自信不是自以为是，是相信自己的能力，是内心深处的一种力量。充满自信，不能骄傲自大；充满自信，不畏艰险，勇敢前行。女人要善待自己，就要充满自信，相信自己能够依靠自己的力量到达成功的彼岸。

4. 善待自己，善待自己的身体

当你拥有健康的时候，也许无法感觉到它的重要性，但当它一旦远离了我们，我们才会发现我们失去了多么珍贵的东西，到那时一切已经无法挽回了。不要等到你的身体已经亮红灯了，才去关注健康保健；不要等到身体严重超重了，才开始关注减肥；不要等失去了健康，才想方设法去弥补。与其亡羊补牢，不如从现在开始学会善待自己，善待自己的身体，培养良好的生活习惯，多参加体育运动、保证充足的睡眠。

聪明的女人都懂得善待自己，会享受生活，享受作为女人的幸福。当我们在这个忙碌焦躁的时代面对各种压力的时候，一定要呵护好自身，让美丽无限延续。

来场心灵的旅行，让你的心快乐飞翔

现代社会，女性面临着工作和生活的双重压力，人也会感觉越来越不堪重负，有时还会迷失自己。此时，即使有再多的金钱也很难让人快乐起来，甚至会恐惧，找不到归属感。不如给心灵一个放松的机会，来场心灵的旅行，让你的心快乐飞翔。

旅行似乎总是有一种神奇的魔力，当我们找不到前行的方向，迷失了自己，或者情绪低落的时候，我们总能通过旅行重新找到前进的力量。对于女性来说，她们的情感总是细腻的，通过一次旅行，通过旅行中的经历，让自己开始思考自己从来不曾想过的问题，丢掉那些让自己烦恼的事情，让心灵得到放松，建构起一个更加细腻丰富的内心世界，让身与心都能享受到这次旅行。当我们迷失了自我，旅行不仅能帮助我们重新找回自己，还能帮助我们明白人生的真谛，更能让我们清楚知道自己今后的路该如何走下去。

旅行，是一个放大镜，可以让你在一个小小的世界中遇见大大的自己；旅行，是一架望远镜，让你看见你不曾遇见的美景；旅行，是一个记忆存储器，它将这些美好的瞬间都留在你的脑海里；旅行，是一场心灵的远行，让你遇见一个从未遇见过的自己。

一次旅行，是一次放逐自己的心灵的过程，面对大自然的美景，让心灵与大自然融为一体，感受大自然的美好。再思考一下世间一切的欲望和烦恼，你会发现它们是如此不值一提。只有将那些沉重的负担都放下，你才能让自己的身心得到真正的放松。要相信，大自然就是有如此强大的能力，能够抚慰我们受伤的心灵。要相信，爱自然的女人必定理智，目光长远。她们在高山、流水、落花间敞开心胸，让心灵与大自然交流。这样的女人，知道自然规律是无法靠外力改变的。没有悲伤与痛苦的纠缠，人自然就能感受到生命的美好。

旅行可以帮助你减轻压力，达到彻底放松、忘掉烦恼的效果，与大自然亲密接触，才能让女人真正解脱！

1. 外出旅游，让心灵更充实

在现代社会中，女人面临的压力越来远大，不仅有工作中的，还有生活中的，在女性的地位越来越高的同时，精神也在经受严峻的考验。

而外出旅游，就能让女人抛下这些烦恼，让心灵更加充实，生活更

加快乐。我们不妨试着放下手里的工作，找个时间，到外面旅行去吧，远离城市嘈杂的声音，繁忙的工作，扔掉心中的压抑与烦恼，让心灵更加自由，让心快乐飞翔！

2. 旅行是女人减少压力的方法

很多女人经常在工作上不断追求，不眠不休、兢兢业业，只是为了自己在某些方面有所成就。而在家庭中，女人还要承担家庭的重担，整天为柴米油盐等家庭琐事等烦恼，长此以往，很可能危害女性的身心健康，甚至患上抑郁症。这时，女性可以通过外出旅游来调节一下自己的心情。

出去旅游，转换了环境，远离了让我们烦恼的源头，也不去想那些让你犹豫和烦躁的事情，眼前只有美丽的风景。将自己融入环境之中，那种超脱红尘与世俗的境界，才是远离压力的最好办法。

3. 旅行贴近自然，净化心灵

繁忙的生活，是否让你对工作失去了热情，渐渐感到茫然无措，感觉身心疲惫呢？怎样才能摆脱这种情绪，保持良好的心态呢？

良好的心态是快乐的秘诀，心理学家告诫我们：在处理事情前你需要处理好你的心情，不要带着情绪去工作和生活。有时，不良的情绪会让我们错失成功的机会。我们应该让自己保持良好的心态，外出旅游就是最好的选择。当完成了工作和各种家务，我们应该给自己安排一些休息的时间，多参加一些体育锻炼，多读一些书，多培养一些兴趣爱好。若时间允许的情况下，你还可以外出旅游，让自己远离那些让我们烦恼的人和事。

在旅行当中，很自然地就将自己融入到大自然当中，我们沉浸在大自然的美丽中心旷神怡，远离了让我们烦恼的场所，心情自然就会变好起来。古人面对大自然的美景，书写了多少流传千古的名句："行到水尽处，坐看云起时""相看两不厌，唯有敬亭山"……在大自然的美景面前我们是多么的渺小，而大自然的力量是多么的伟大，那种自由自在，那种超脱、与世无争，自然会让经常情绪低落的女人走出忧虑的世界，让她们抛却烦恼，获得内心的快乐。

在旅途中减轻压力，充实心灵。从旅途获得内心的快乐，才是真正的旅游。这种快乐，不是简单的感官之乐，而是打动心灵的真正快乐。有谁不渴望获得真正的快乐，有谁不想自己从繁忙的工作中解脱出来呢？让我们开始吧！旅游让你的心快乐飞翔！

微笑着撑过去，就是胜利

现在，有很多人活得很累，过得很不快乐。其实，人只要生活在这个世界上，就会有很多烦恼。痛苦或是快乐，取决于你的内心。人不是战胜痛苦的强者，便是向痛苦屈服的弱者。再重的担子，笑着也是挑，哭着也是挑。再不顺的生活，微笑着撑过去了，就是胜利。

有很多烦恼和痛苦是很容易解决的，有些事只要你肯换种角度、换个心态，你就会有另外一番光景。所以，当我们遇到苦难挫折时，不妨把暂时的困难当作黎明前的黑暗。

只要以积极的心态去观察、去思考，你就会发现，事实远没有想象中的那样糟糕。换个角度去观察，世界会更美!

生活的快乐与否，完全由你自己决定。你的态度决定了你一生的高度。你觉得自己无法实现自己的梦想，那么你将注定与成功无缘。你相信靠自己的力量能改变自己的命运，那么你的人生将会是另外一番景象。心态决定命运，播撒下怎样的心态，将收获怎样的人生。因此，不如学会对生活微笑，感受生命的美好。

1. 每天对自己笑一笑

笑是生活中必不可少的调节剂和兴奋剂。用不同的态度面对生活，生活也会展现出不同的面貌。你有选择的权利，是哭还是笑，是积极还是消极。想要生活过得更加愉快，不妨学着每天对自己笑一笑。笑出一个新的开始，笑出一个好心情，笑出面对艰难的勇气，调节自己的情绪，让快乐与自己相伴。

2. 笑着发现生活的美好

微笑是一种正能量。当你遇到挫折时，微笑面对生活，将艰难困苦当作成功的阶梯，把失败的经历当作成功路上的风景，那些困难也不再那么可怕。当你遇到烦恼时，微笑面对，可以让自己的思想得到解脱，获得愉快的心情，发现生活中的美好与希望。每天对自己笑一笑，开始全新的一天，发现人生的一切都是美好的。这是健康心态的基础。

3. 微笑面对生活中的快乐和苦难

我们成长的路上，总是伴随着欢声笑语和辛酸的泪水，总能感受到成功的喜悦和失败的打击。没有经历过失败的人生是不完整的，我们的身边总是会有这样那样的失意和磨难相随左右。不管遇到什么困难，我们都应该以平和的心态对待，用微笑面对生活，笑对人生。

4. 笑对于身心健康十分重要

美国心理学家威福莱博士认为："笑是一种化学刺激反应，它激发人体各个器官活动，尤其是激起大脑和内分泌的活动。"笑对人的心理健康是十分重要的。微笑是最简单的表情，却是人体健康长寿不可缺少的条件。笑不仅有助于神经系统的稳定和免疫力的增强，对人体健康也有积极作用。

当我们微笑的时候，身体内的所有器官都会产生连锁反应，并且收效极佳。笑这个动作，加速了我们呼吸的频率，从而使我们胸腔内的横膈膜得到充分的伸展，还能充分调动脖子、腹部、脸部以及肩膀的肌肉活动。与此同时，微笑会摄入更多氧气，从而增加血液中的含氧量，从而加速疾病的痊愈，还对血管的伸张有促进作用。

快乐是每个人的权利，生活给了我们选择，是选择快乐还是悲伤，乐观还是悲观，是选择快乐的生活，还是让生活深陷黑暗。如果你觉得生活中的快乐越来越少，不妨试着对自己笑一笑，保持微笑，直面生活中的各种困难，总有一天能够冲破黑暗，重新获得快乐。

定期清理你的内心，为快乐腾出更多空间

"心有多大，舞台就有多大"，思想决定行动。很多时候我们的心

的确很勇敢、很博大，引领我们不断追寻梦想，创造属于自己的辉煌。那我们心灵的空间究竟有多大呢？

若是把我们的心灵比喻成一间房子，那么从我们出生时这所房子就是空的，随着我们慢慢地长大，我们不断吸收外界的思想、事物等，这所房子内开始有了越来越多的东西。在这些东西中，有一些积极的因素，如自尊、勇敢、坚强等；还有一些阴暗的因素，如自私自利、懦弱等。随着时间的推移，我们的内心也逐渐丰富起来。但是一个问题出现了，内心的这所房子有时会显得杂乱不堪，甚至有些摇摇欲坠。这都是因为这座房子有限的空间内，不可能将所有的东西都容纳在内，这就需要我们做定期清理，给心灵释放空间。

在我们的内心深处，那些曾经经历过的悲伤的、失落的事情，都占有一席之地。心里的事情一多，心也就跟着乱了，使人变得心烦意乱，情绪低落。我们应该学会定期清理，为快乐准备更多的空间，让暗淡的心变得明亮，让杂乱变整洁，让我们远离消极的情绪，走向快乐的生活。

1.学会宽恕

受到伤害的时候，你可以选择怨恨或者宽恕。你若选择宽恕，则会获得内心的平静。宽恕是一种能够让矛盾消失于无形的能力，宽恕也是一种修养，让我们积极地去原谅对方，获得更多的朋友。学会宽恕，就是能让我们少受些伤害，多些朋友，收获快乐的生活。我们应该尝试着用广阔的胸襟去看待问题，将我们遇到的一切恩怨伤害都包容进来，这样既是给对方一次机会，也能减轻自己内心的负担，让心灵重归宁静。

学会宽恕吧！和别人发生矛盾的时候，宽恕别人也是宽恕自己，让自己走出伤害的阴影，远离那些痛苦，让生活充满阳光。

2. 转移注意力

在生活中，我们之所以不快乐，很多时候都是由我们的心态决定的。有的人在遇到挫折或者困难的时候就沉浸在悲伤中，开始失去了走下去的勇气，失去了快乐，成为情绪的奴隶，就此一蹶不振。其实，在遭遇挫折的时候，我们不妨学着转移自己注意力，将注意力放在自己感兴趣的事情上去，可以选择听听音乐、做做运动等。在这段时间内，我们能调整自己的情绪，让自己平静下来，将那些烦恼抛到脑外，享受快乐的人生。

人生需要快乐的因素，需要温馨的环境，也需要一颗宁静的心，而坏情绪却让我们陷入焦虑和烦恼之中，与这些越行越远。与其如此，我们不如学会调节自己的情绪，通过转移注意力，让内心重新恢复平静，让那些快乐重新回到我们身边。

3. 学会换位思考

每一件事情都有很多面，从不同的角度看待就会有不同的体会。自己十分渴望的事物当得到了之后可能就是另一种境界，也可能变成很坏的东西；反之，你十分讨厌的东西也许正是别人十分渴望的。当你以积极的心态看待世界，你所看到的就是美好的世界；当你以消极的态度看待世界，那么世界将变得一片黑暗。无论以何种态度看待问题，都在于你自己。当无法改变事情本身的时候，换个角度看待，将会看到不同的面貌。

学会换位思考，以不同的角度看待问题，以积极的心态面对我们所面临的挫折或者困难，重新解读人生，看到世界的另一番景象。

在换位思考的过程中，我们就能减轻心灵的负担，让我们的心灵得以解脱，成为一个快乐的人。学会换位思考，站在不同的角度看待问题，就会化解很多矛盾，让快乐与我们常伴。

心灵也需要一个避难的地方，若是让心灵负重太多，则会将我们推向痛苦的深渊，让我们寸步难行。解放心灵，摆脱各种物质的纠缠和精神的捆绑，让快乐照耀进我们的生活。

直面忧虑，彻底摆脱忧虑困扰

人生并不是一帆风顺的，遭遇失败和挫折等不好的事情也是正常现象，面对这些考验，你不必怨天尤人，更不要失去奋斗下去的勇气，不要陷入忧虑的陷阱中，甚至就此消沉。那么，什么是忧虑呢？

忧虑是一种过度忧伤或者伤感的情绪体验，每个人都曾有过忧虑的情绪，有的时候只是我们不知不觉间将自己面前的困难放大了，其实本身并没有那么可怕，我们所忧虑的时候很多时候也都不会发生。所以，何必让自己陷入低落的情绪，陷入患得患失中呢！

忧虑在情绪上表现为强烈而持久的悲伤，觉得情绪不佳和低落，并伴随着焦虑、烦躁及易激怒等反应。当负面情绪开始左右我们的生活，我们整个人会变得十分消极，对事情没什么热情，对于做事情没什么兴趣，觉得生活也没什么意义。忧虑还会进而影响我们与他人的交往，影响我们的工作、生活、情绪等，严重的还可能引发自杀行为。

不仅如此，忧虑严重危害我们的身体健康，还会加速身体的老化，还能隐藏我们的快乐。所以，我们应该尽快摆脱忧虑的困扰，过幸福、快乐的生活!

那么，该如何改掉忧虑的习惯呢?

1. 要有积极的心态

消极的生活态度是产生忧虑的内在原因，想要解决忧虑的问题首先就要消除这种心态的干扰，培养自己积极、乐观的心态。实现这些有许多途径，如读一些积极、引人向上的书籍就是不错的选择，还可以试着多交一些朋友，拓展自己的交际圈，在朋友的影响下逐渐走出消极的阴影，或者多做一些体育锻炼，强健自己的体魄，让那些不良的情绪在运动中消失殆尽，让阳光重新照耀到我们的心田，重新找到积极向上的自己。

2. 让自己忙碌起来

曾经获得诺贝尔生理学和医学奖的亚历克西斯·卡锐尔博士说：不知道抗拒忧虑的人都会短命而死。忧虑束缚着我们的心灵，阻碍我们的前行，让前进也变成了一件困难的事情，有时即使你自己身处忧虑中，而还不自知。忧虑者宛若是置身于一个孤独的城堡，他出不来，别人也进不去。当感觉自己有忧虑情绪的时候，不妨试着让自己忙碌起来，让血流加速，让这些有意义的事情将忧虑的情绪带走，让生活洒满阳光，不再有忧虑的困扰。让自己忙碌起来，是治疗忧虑的有效方法，当你忧

虑的时候，不妨试着让自己沉浸在有意义的事情中。

3. 从多个方向看待问题

很多时候，我们之所以会产生忧虑的情绪并不是因为我们本身无法掌握事情或者很难把握，如担心自己无法完成某项任务、担心自己在重大活动中表现不佳。静心思考一下，其实，我们所忧虑的事情大多都是不会发生的，并且忧虑对我们解决问题并没有帮助。当有忧虑情绪出现的时候，不妨学着心理暗示，告诉自己，自己所担心的事情大多不会发生，自己设想的是最糟糕的情况，我们完全有解决问题的能力。遇到事情的时候，我们学会保持冷静，不忧虑还没发生的事情，这样自然能够消除我们的忧虑。有心理学研究表明：其实，实际上人们忧虑的事情大多都不会发生。所谓的忧虑更多的是我们的庸人自扰。

忧虑是成功的绊脚石，它将我们蒙蔽起来无法看到生活中的快乐，让我们的生活充满忧愁，使我们丧失面对困难的勇气。忧虑会让我们的生活变得一团糟，让我们的前途一片黑暗。忧虑如同慢性毒药，逐步侵蚀我们的生活。但是，不要惊慌，忧虑是很多人都有的心理现象，只要我们意识到忧虑的害处，不要恐慌，不要退缩，直面忧虑，就能彻底摆脱忧虑的困扰，重新回到快乐、健康的生活。

智慧女人每天都把爱和快乐带回家

家是一个温暖的港湾，尤其对于女人而言，家不仅是受了伤害后的避风港，更是让自己走向成功和辉煌的起点。

家是心灵的港湾，是幸福与安全的港湾，是快乐与幸福的乐园。但是，这些美好不是凭空出现的，需要每个家庭成员一起共同创造。每个人都渴望家庭能够温馨、快乐，这些美好的氛围是世界上最美好的花朵，没有比它更能温暖你的内心的了。和谐的家庭氛围能够使一个人身心愉悦、心情舒畅，对未来充满信心，和谐、融洽的家庭是人生幸福不可缺少的重要组成部分。如果每个人都把快乐带回家，那么你的快乐就会传染给家人；反之，家里也会愁云惨淡。

家庭是一个相对安全、包容的环境，在这里的感受和外面的社会是完全不同的。在外面受了伤害，我们会回家找人倾诉；在家里受了委屈，却很难向别人说起。在这个相对安全的环境里，我们有时就忘了把握自己说话的方式，有时忘了好好说话，将情绪发泄在无辜的家人身上，这种做法不仅伤害到家人，还会严重破坏家庭氛围。

除此之外，我们认为家人是我们坚强的后盾，总是希望他们能无条件支持自己。一旦自己在外面受到委屈的时候，就想获得家人的理解。但是，有时候家人也无法理解你，这也就造成了你内心的落差，感觉自己更加委屈了。实际上，家人对自己的支持往往是不言而喻的。

有的人在遇到家庭问题的时候，往往会陷入迷茫，觉得连家人都不能和自己站在统一战线，就将这些负面情绪施加在亲人身上，这样怎能让家人不伤心难过呢？作为家庭的一员，我们更应该做的是给家庭多带回点快乐，家庭的温馨由我们自己创造。那么，怎样才能让家庭生活更加和谐融洽呢？

1.用心"经营"家庭

和睦的家庭氛围需要每一个家庭成员共同参与、共同创造。对于整天忙于工作的女人来说，如何平衡家庭和生活成了一个难题。从增进家庭成员感情方面考虑，我们可以在自己有时间的时候，多多组织一些家庭活动。如家庭的大事由全员投票决定，完全民主；全家人尽量在一起共进晚餐；全家一起为过生日的人庆生，全家人经常组织去旅游等集体活动。这些全员参与的活动，不仅能够消除平时的隔阂，还能在无形中增进家庭成员间的情谊，让我们在繁忙的工作后享受到家庭的温馨。

2.把赞美带回家

我们总是赞美他人，有时往往忘了真诚地赞美身边的家人。当父母做了一顿可口的饭菜，我们只当作理所当然，却没有加以赞扬；孩子拿着成绩单高兴展示给你看，想要获得一次赞扬，你却说还需继续努力，没有任何事物比父母对子女的关注和赞扬，更能让孩子感到快乐。给身边的人多点关注，发现他们的优点，然后给家人热情、真诚的赞扬，让身边的人也获得快乐。

3.把笑容带回家

女人每天都在为共同的家庭终日忙碌奔波，消耗着大量的体力和精力，身心疲惫地回到家，但在回到家时不要忘了把这些负面情绪都拒之门外。从踏进家门的那一刻起，应该及时调整自己的情绪，将微笑带给家人，将自己的快乐传染给家人。在餐桌上，尽量不要谈论一些不快的事情，也不要把自己在外面所受的委屈发泄在无辜的家人身上。只有如

此，你在外受伤的心灵，才会在温馨的氛围中得以抚慰。

　　家是爱的温床，是在外打拼孩子的温暖避风港，是恩爱夫妻的爱巢。想要家更加温馨、和谐，这就需要我们把快乐带回家。快乐是消除烦恼的灵药，快乐是会传染的。每天把快乐带回家，给家人一个微笑，一声温暖的问候……把爱带回家，让家里充满欢声笑语。

第12章
笑纳命运，在坎坷中羽化成蝶

　　生活往往有太多的变数，谁也不知道下一刻将要发生什么事情。在面对突如其来的变故的时候，人们往往会六神无主，不知所措。尤其是女人，胆子小，没有主见，在这个时候更是乱作一团。对于女人来说，如果在这个时候，你不知道该怎么去应对，那么就意味着你无法掌控局势，甚至无法掌控好自己，让自己沉浸在痛苦的深渊里无法自拔。那么，作为女人，在面对逆境与坎坷时，究竟该如何做才能应付自如呢？这就是我们在这一章要解决的问题。

关上耳朵，不让不公正的批评影响自己

耶稣基督曾经遭遇了什么呢？耶稣有12个最亲信的门徒，有一个门徒仅仅由于相当于现在的19美元的贿赂而选择背叛耶稣，另外一个门徒在耶稣遇难时选择背弃，甚至三次公开发誓说不认识耶稣。这是多么悲惨的遭遇，竟然有六分之一的门徒背叛了耶稣，这就是耶稣的结局。在生活中，我们不过是一个普通人，又怎么能祈求自己可以获得更好的结局呢？即便有人欺骗了我们，有人背弃我们，甚至是最好的朋友从背后捅了我们一刀，我们也不必自怨自艾，而是时刻提醒自己：即便是耶稣也曾有过悲惨的遭遇。

在几年前，我发现自己根本没办法阻止那些不公平的批评，但是我却可以选择另外一件事情——不让这件事影响到自己。当然，我们并非需要对所有的批评都选择不理，只有我们面对恶意责难时才会采取这样的行动。假如对方是一种提建议的批评，我们还是需要慎重考虑一下的。

南北战争时期，备受恶意攻击的美国前总统林肯曾说："假如我不对这些言论攻击做出任何反应，那这件事就到此为止了。我只需要将自己应该做的做好，尽可能做好，坚持下去。假如结果证明我所做的事情是正确的，那所有不公正的批评自然就消失了；假如结果证明我所做的事情是错误的，那之前我对别人批评所做的任何辩护都是没有任何意义的。"当然，假如不是林肯对这些批评不加理会，那估计他的精神早就崩溃了。

女士们，面对来自他人的恶意批评，我们应该谨记：凡事尽力而为，然后为自己撑起一把伞，避开是非之雨。

学会笑纳命运赐予的磨难，缔造不一样的人生

在荷兰首都阿姆斯特丹的一座15世纪教堂的废墟上刻有一行字，那是用弗兰德语写的一句话："事情已经这样了，再也没有其他选择。"在生活中，我们不得不接受一些事情，调整自己的心态，选择适度忘记，而且很快我们就会忘记曾经发生的事情。

当命运给予我们这样或那样的磨难时，女士们需要微笑着接受，这样才能积聚全身的正能量。生活因充满各种各样的麻烦才变得多姿多彩，或许，我们都不喜欢生活赐予自己的麻烦，当它与自己不期而遇的时候，你也不要掉头或转向，因为麻烦是一个魔鬼，一旦它看上你，就会对你穷追猛打，不舍不弃。而那些不接受生活赐予麻烦的人，只会被麻烦纠缠得更悲惨。生活中，女士们要学会笑纳命运赐予的磨难，缔造不一样的人生。

哲学家叔本华曾说："逆来顺受是人生的必修课程之一。"已故的

乔治五世曾经在白金汉宫的图书馆里装裱了一句话："教我不要为月亮哭泣，也不要为错误而后悔。"既然事情已经这样了，那就别无选择，即便是这个一国之君也会这样安慰自己。

正所谓一念天堂，一念地狱。我们周边的环境并非使我们感到快乐或不快乐，决定我们是否快乐的是源于内心的心情。在关键时刻，我们往往是可以忍受困难和悲剧的。或许，许多人对自己缺乏信心，认为自己不一定能做到，但事实上只要我们内心有一股强大的力量，那就可以战胜生活中的一切。只要我们愿意加以利用，就会发现我们自身远比想象中的强大。

"我接受整个宇宙"这句话是英格兰著名的女权运动者——玛格丽特·福勒的座右铭。一向喜欢抱怨的托马斯·卡莱尔在英国知道了这件事，曾不屑地说："她最好是可以做到这样。"确实，假如我们都可以做到接受那些不可避免的事实，那该多好。因为不管我们如何努力去改变或挣扎，最后都是徒劳的，只会增加痛苦，既然无法改变那些既成的事实，那不如改变自己。

曾经有一次，我遭遇了一个不可避免的情况，尽管我拒绝接受。最终所导致的不过是寝食难安的生活，我深陷在痛苦之中。甚至我想起来一切不愿意回忆的事情，在长达一年的自我折磨中，我最终还是认输，我只能接受那些早就知道的不能改变的事实。

所以，女士们，不管生活如何不幸，请学会笑纳生活的折磨，坦然面对一切吧！

昨天已成过去，每天都是一个新的开始

当你早上睁开眼睛，就看见外面明媚的阳光是那么的灿烂美丽，再呼吸一下新鲜空气，整个人都是清爽的，整个人都充满了精神。也许并不是每一天你都能感受到大自然的美好，但是日落之后，黎明到来，那就是新的一天开始了。有人说"当我看到太阳从地平线上升起来时，就知道这又是崭新的一天了"。女人，要把每一天都当成一个新的开始。昨天无论多么困难，毕竟都已经过去了，从每一天开始，你都在开始新的生活。每天都是一个新的开始，当你这么想的时候，你已经精神百倍地去开始今天的生活了。

我把每天都当作新生，生活中的每一个人，在任何一个瞬间，都可能站在两个永恒的交汇点上，但是这一点已经永远地成为了过去并延伸到无穷的未来。所以我们不可能生活在两个永恒的中间，连一秒的持续时间也没有。如果你老是停留在过去的阴影里，就会摧垮自己的身体和精神。所以，我们能够做得就是把每一天都当作新生，并为活在这一刻而自豪。

罗勃·史蒂文生写道："从现在一直到我们上床，不论任务有多重，我们每个人都能支持到夜晚的降临，无论工作多么艰苦，每个人都能做自己当天的工作，都能很开心、很纯洁、很有爱心地活到日落西山，这就是生命的真谛。"生命的真谛就在于把每一天都当做新的一天来度过，这样你才会把自己所有的时间和热情都放在今天，让你的生命焕发出无限的潜力。

　　女人最可悲的就是，无视窗口的玫瑰在悄悄绽放，而去梦想着天边奇幻的玫瑰园。如果你总是怀着一些悲伤的、孤寂的心情去度过一天，那么你就会什么事情都做不好，反而内心的恐慌会变本加厉地折磨你，你会日渐消沉，陷入人生的黑暗。无论你在生活中遇到了什么，都不要害怕，因为你每天只需要活一天。

　　女人要随时保持一份乐观的心情，记住每一天都是一个新的开始，不要沉浸在昨天的回忆中。新的一天，就要用尽全身的力气去表现，把自己最美丽的一面展示出来，让自己的每一天都充满了精彩和欢乐。

牢记目标，才能真正把握命运

　　在人生中，不管是强者还是弱者，都应该成为命运的主人，不要因为自身力量的弱小，就放弃对人生和命运的把控，更不要因此变得唯唯诺诺，随着命运的反复无常而颠簸不安。每个人都应该是命运的主人，这才是人生的真谛。遗憾的是，生活中却总有很多人无法主宰自己的命运，他们或者受到权势的驱使，一生之中趋炎附势，或者受到金钱的奴役，在金钱的诱惑下迷失本性，随波逐流，甚至还有些人禁不住命运的再三考验和磨炼，最终选择了结束生命，把自己交给了虚无的未来。

　　真正能够主宰命运的人，既不会被金钱驱使，成为金钱的奴隶，也不会为了权利趋炎附势，失去做人的原则和尊严。他们拥有坚定不移的意志，面对任何诱惑都能够动心忍性，保持岿然不动，始终牢记自己的初心和人生的目标，永远也不迷失自我。人，归根结底要忠诚于自己的内心，一切的金钱权势都是身外之物，也许经过努力能够得到欲望上的满足，最终却会迷失本性，导致虚度人生。

有人说，人生的过程就是不断选择的过程，我们每个人在人生的漫长道路上都要不断地做出抉择，才能始终保持人生方向的正确性，也才能坚定我们的意志。尽管生活中有很多人都自以为了解自己，殊不知，对于自己而言，每个人都是最熟悉的陌生人，尤其是对于心灵深处、潜意识中深层次的思想和意识，我们往往更加不了解自己，往往需要事到临头，亲身经历了某些事情，才能突然洞察自己的内心。需要注意的是，任何时候在人生的大风大浪前，都不要随波逐流。我们必须牢记心中的目标，才能始终坚定不移地朝着目标前进，也才能真正把握自己的命运。

1801 年，柏博罗和布鲁诺这对堂兄弟在村长的提议下，开始为村子里提水。他们都是很有野心的人，都梦想着能够成为村子里的富人，因而他们很在乎每桶水一分钱的报酬。不过村长付出这样的报酬也是有前提条件的，即他们必须在一天的时间里把蓄水池提满。

对于这份新工作，布鲁诺显然很满意，他不停地大喊大叫："太好了，我们真幸运啊，居然找到了这份挣钱的好差事。"然而，柏博罗对此不以为然，他每天提水之后都觉得浑身酸痛，精疲力尽，而且手上全都是水泡。为此，他开始想办法，想把河里的水通过管道，接到村子

里。当听到柏博罗这个疯狂的想法时，布鲁诺简直觉得难以置信，也根本不相信柏博罗能够实现这个梦想。为此，他马上想法设法打消柏博罗的想法，恨不得能够一辈子都这样每天提一百桶水，挣一元钱。然而，柏博罗可不是一个甘于向命运屈服的人，他费尽口舌想要说服布鲁诺，但是布鲁诺却很固执，根本不愿意妥协。为此，柏博罗开始独自计划，并且很快就付诸实践。

柏博罗很清楚，在他刚开始修建管道时，收入肯定会急剧下降，他也知道修建管道是一项漫长而又浩大的工程，根本不是一朝一夕就能完成的。然而一旦想到一两年之后即使坐在家里，也可以收取每桶水一分钱的报酬，他又再次鼓起信心和勇气，不遗余力地努力干下去。看着柏博罗每天都在辛勤地付出，但是却不见成效，村里很多人都无情地嘲弄他。这时，布鲁诺已经用积攒的钱买了一头毛驴，因而不需要自己出力提水了。他的生活显然越来越好，不但买了新衣服，还经常去酒馆喝酒。此时此刻，柏博罗依然不停歇地挖掘管道，因为过度劳累，他看起来非常疲惫。他每天只能挖一英尺，繁重的劳动使他每天都要不停地告诫自己，今日的辛苦能够换来明日的幸福，也能够彻底改变命运，因而他才能持之以恒地坚持下去。日久天长，柏博罗已经完成了一半的工程，他似乎看到了希望的光芒，就在前方不远处。

当柏博罗的管道即将竣工时，布鲁诺的后背驼得更厉害了。他步履沉重，看起来郁郁寡欢，似乎正在因为自己注定了一辈子都要运水而发愁。他时常在酒吧里喝醉，人们嘲笑他的驼背，称呼他为提水人。布鲁诺变得越来越沉默。这时，柏博罗的管道完工了。村民们惊奇看着村外的水流进村子里，就连附近的村子也有人前来买水。就这样，柏博罗即使每天躺在家里睡大觉，也依然能够赚取很多卖水的钱，村子里也因为有外村人来买水，变得越来越繁华和热闹。

相比起柏博罗有规划有毅力的人生，布鲁诺的人生显然非常被动。他因为满足于每桶水一分钱的报酬，最终导致一辈子都在提水，累弯了腰，也累得失去了所有的生命活力。这个故事其实与中国的愚公移山有很大的相似之处，我们必须记住，不管处于怎样看似绝境的人生境遇中，我们都要有理想有规划，更要有魄力马上展开行动，从而才能帮助自己赢得更多的机会，也赢得命运的转机。

朋友们，漫漫人生路上，你是想要当一个创建者，还是只愿意当一个被动接受命运安排的人？做人，首先应该成为自己命运的主人，为自己掌舵，才能最终成为命运的主宰，获得梦寐以求的人生。

女人的人生会因梦想而绚烂多彩

女人是否应该安于现状，生活中没有梦想的参与呢？其实，女人也同样需要梦想，梦想让人生有了新方向，让生活也开始变得绚烂多彩。

女人的梦想也可以很多，但这些梦想中，有的是没有什么价值的，并不能指引女人前进的方向，而是一种不切实际的空想。女人应该有自己的梦想，从平凡到伟大的变化只是一个梦想的距离，梦想拥有改变女人世界的力量。

梦想与现实的距离到底有多远，恐怕只有那些乘着梦想的翅膀，最终获得成功的人们才知道。有句名言："所有的人因为梦想而伟大，所有伟大的人都是梦想家。"同样，伟大而高远的梦想也是女性成功路上不可或缺的前进动力。

若想实现自己的梦想，需要付出多少的努力呢？梦想和现实之间还是有一定距离的，想要填补它们之间的差距，需要女人全力以赴，克服重重难关，并且为此坚持不懈，想要实现梦想需要一个漫长的过程。给自己设定一个合理的梦想，一步一步坚定地向前迈进，梦想总有一天会实现。

那么，梦想有哪些力量呢？

1. 梦想能激发潜力

心有多大，舞台就有多大。梦想能够激发女人隐藏起来的能力，当女人在追梦的路上，用迎难而上的勇气去战胜重重挑战的时候，就会发掘出连自己都意想不到的潜力，女人比想象中的更加优秀。如果失去了梦想，一切都是空谈，生活是空虚的，没有梦想，潜力终究还是隐藏起来的，无法为女人所用，即使机会就在我们的眼前，女人也可能错失良机。

2. 梦想是与成功接轨的桥梁

每个人都有自己的梦想，但有时可能无法实现，只有为了梦想坚持不断付出的人，才可能成为少数实现梦想的人。面临挫折和困难，不要为此悲伤，不要就此放弃，女人应该鼓起勇气，直面困难，坚定自己的梦想，一旦机会到来，就有实现梦想的力量。人生不能没有梦想的参与，梦想是与成功接轨的桥梁，而坚定向成功迈进的行径就是我们力量的源泉。

3. 梦想是前进的指南针

人不仅要有梦想，还应该努力地去实现它，不然它们只是空想。人的梦想就是前进的指南针，不让我们迷失方向，指引我们到达成功的彼岸。

梦想对我们的人生有重要影响，一个没有梦想的人，就像断了线的风筝一样，不知飘向何方，就像大海中迷失了航向的船，永远都靠不了岸。只有梦想可以使我们有希望，只有梦想可以使我们保持充沛的想象力和创造力。要想成功，必须具有梦想，你的梦想决定了你的人生。

梦想是前进的指南针。因为心中有梦想，我们才会执着于脚下的路，坚定自己的方向不回头，不会因为形形色色的诱惑而迷失方向，更不会被前方的险阻而吓退。

梦想并不是虚无缥缈、不可琢磨的。梦想，是你向上的力量，有梦想就去追逐。在追梦的过程中，你就会发现自己的生活因此变得快乐、充实，生活也绽放出更多的精彩，还能感染身边的每一个人。

努力就好，别太在意结果

现实生活里，很多人想要自己的生活丰富多彩，总是在追梦的路上

不断努力，却不知道享受人生的快乐和幸福，忘了享受过程。无论人生梦想有多么灿烂辉煌，也不要错过那些美好的瞬间。

成长是一个不断学习的过程，生活是一个不断进步的过程。人生中，追寻每一个梦想，实现每一个目标，落实每一项计划，都需要有个过程。过程是任何结果和结局都必经的路，它搭起了通往成功的阶梯，没有过程的结局是不完整的。

我们的每一次付出都想要立刻有所收获，我们每次都希望有一个完美的结果，因为结果让我们对未来充满希望。可这些并不是人生真正的意义所在。人生的真正乐趣是，当我们获得了成功，还不忘那些生活中精彩、感动的瞬间。每一次欢笑，每一次失败的沮丧，都是我们的收获，都是成功的过程。无论我们是实现了自己的梦想，是赢得了别人的尊重，还是惨败退场，这一切都已不再重要，因为追梦的过程我们收获得更多。

梦想在于过程而不仅仅是结果，如果不明白过程的意义，纵然你到达了成功的彼岸，那也毫无意义。享受过程，就能享受更多的快乐。那是一个持久的、激发向上的过程。生活中，许多事情都是如此，不论是打拼事业、追求梦想等都一样，我们不能过分看重结果，如果仅仅以成败论英雄，忽视体会过程，也就无法体味追梦路上的美丽风景，无法体会那份喜怒哀乐，人生也就缺乏了一种韵味。学会享受过程，将收获更多精彩。

1. 将注意力放在积极的事情上

享受过程，首先需要学会把注意力放在积极的方面。当阳光照耀下来，也总会有阳光照拂不到的地方。如果眼睛只盯着阴暗面，抱怨生活没有阳光，那么只能走入黑暗的深渊。既然如此，你为什么不将自己的目光放在积极的方面呢？以积极的态度看待事物，让自己的生活充满阳光，多一点快乐，少一点哀伤。

2. 过程更让人回味

有句话叫：只求耕耘，莫问收获。天道酬勤，只要自己全力付出了，终将有所回报，生活总会在未来的某一天给你一些意外惊喜。人们总是将目标锁定在自己是否成功，却忘了欣赏奋斗路上的美丽风光，享受过程。很多时候，当一心想要达成某个目标时，有时候会因为压力过大而与成功擦肩而过。所以，与其紧盯着成功，给自己太大的压力，倒不如学会去享受过程。世上的各种滋味，都需要我们一一品味，在你亲自体验的过程中，可能是一段痛苦的岁月。但当这一切都过去，你终将获得成长。这就是过程带给我们的，品味生活滋味的过程就是成长的过程。

3. 积累经验

人们总是在不断前进的过程中，不断失败，不断总结经验，不断成长，这些失败的经历为未来的成功积累素材。在我们的工作和生活中，总是会遇到各种各样的挫折和失败。在遇到这些的时候，不要就此倒下，一蹶不振，要奋起向上，在前进的路上认真把握，总结经验教训，为后续发展提供必要的保障。过程也是十分重要的，正是在不断地学习和积累中，我们才能将事情完成得更好。

前进的路上并不是一帆风顺的，总是充满坎坷，但是不要忘了欣赏

沿途的风景。虽然不是每次努力付出总有回报，但也不必沮丧，因为我们可以让每一次奋斗的过程都变得充实而难忘，得不到别人的赞赏，得不到成功的勋章，我们却有美丽的风景可以欣赏。

参考文献

[1]陶瓷兔子，阿木. 女人若能柔弱，何须动用坚强[M]. 苏州：古吴轩出版
社，2017.

[2]毕淑敏. 毕淑敏女性三书[M]. 北京：中国轻工业出版社，2016.

[3]王阔. 做一个优雅智慧的完美女人[M]. 北京：中国文史出版社，2015.

[4]林惠瑛. 幸福女人枕边书[M]. 合肥：安徽人民出版社,2013.

[5]韦甜甜. 女人，你要温柔到老[M]. 北京：台海出版社，2017.